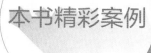

本书精彩案例

案例04 修改图像大小　　页码：20

案例08 裁剪图像　　页码：28

案例09 图像的基本变换　　页码：30

案例10 内容识别比例变换　　页码：35

案例11 矩形选框工具：制作方形人物图片　　页码：38

课后习题：制作拼图　　页码：40

案例12 椭圆选框工具：制作椭圆形人物照 页码：41

课后习题：椭圆形动物照　　页码：42

课后习题：更换窗景　　页码：46

本书精彩案例

案例23 修复画笔工具：修复脸部瑕疵　　　页码：75　　　课后习题：复制图案　　　页码：77

案例24 修补工具：印制多个相同物体　　　页码：77　　　课后习题：抹除多余物体　　　页码：79

案例26 橡皮擦工具：更换背景天空　　　页码：82　　　课后习题：更换人物背景　　　页码：83

案例27 背景橡皮擦工具：合成人物海报　　　页码：84　　　课后习题：更换人物场景　　　页码：88

本书精彩案例

本书精彩案例

课后习题：处理婚纱照　　　　　　页码：91

案例30 减淡工具组：美化人物皮肤 页码：91

课后习题：修饰人物妆容　　　　　页码：93

案例39 填充图层：制作画布效果　　页码：117

案例40 调整图层：晚霞照射效果　　页码：120

课后习题：制作暖色调图片　　　　页码：122

案例42 图层的混合模式：制作单色图片 页码：130

课后习题：制作五彩人像图片　　　页码：134

案例43 亮度/对比度：打造透亮的花瓣效果　　页码：136

课后习题：调整花朵的亮度　　页码：137

案例44 色阶：处理人物照片　　页码：138

课后习题：制作早晚更替效果　　页码：141

案例45 曲线：调整风景图片的色彩　　页码：141

案例46 曝光度：增加人物曝光度 页码：145

课后习题：修正图片颜色　　页码：146

案例47 阴影/高光：提升图片内容清晰度　　页码：147

课后习题：增加图片亮度　　页码：148

本书精彩案例

案例64 文字工具：制作多彩文字　　　　　页码：198　　　案例70 文字转换为工作路径：制作斑点文字 页码：221

课后习题：制作风景芭蕾女孩剪影　　　　　页码：259　　案例81 矢量蒙版：Baby个性照　　　　　　页码：260

课后习题：小女孩和书　　　　　　　　　页码：262　　案例82 图层蒙版：树叶头像　　　　　　　页码：263

课后习题：空中岛屿　　　　　　　　　　　　　　　　　　　　　　　　　　　　　　　页码：266

➤ 课后习题：用通道还原图像　　　　页码：272　　➤ 案例84 通道的基本操作：打造沙滩唯美照 页码：273

➤ 案例85 用通道调色：打造失真的花园美景　　　　　　　　　　　　页码：276　　➤ 案例86 用通道抠图：打造欧式建筑个人婚纱照 页码：278

➤ 案例88 智能滤镜：制作拼缀图 页码：286　　➤ 案例90 查找边缘滤镜：打造彩色轮廓图像　　　页码：293　　➤ 案例91 动感模糊滤镜：打造高速运动特效　　　页码：296

➤ 课后习题：改善照片画质　　　　　　页码：304　　➤ 案例95 添加杂色滤镜：制作繁星　　　　　　　　　　　页码：307

本书精彩案例

案例96 燃烧的火把特效制作　页码：312　　案例97 照片撕裂特效制作　　　　　　页码：317

案例98 杂志封面设计　　　　　　页码：320　　案例99 商品海报　　　　　　　　　页码：324

案例100 人物照片修图　　　　　　　　　　　　　　　　　　　　　　　页码：326

Photoshop CS6
完全自学
案例教程

微课版

互联网＋数字艺术教育研究院 编著

人民邮电出版社
北京

图书在版编目（ＣＩＰ）数据

Photoshop CS6完全自学案例教程：微课版 / 互联网+数字艺术教育研究院　编著. -- 北京：人民邮电出版社，2017.1（2022.8重印）
　ISBN 978-7-115-43699-3

　Ⅰ. ①P… Ⅱ. ①互… Ⅲ. ①图象处理软件—教材
Ⅳ. ①TP391.413

　中国版本图书馆CIP数据核字(2016)第297409号

内 容 提 要

这是一本全面介绍中文版 Photoshop CS6 基本功能的案例教材。本书为初级读者编写，以帮助其在短时间内快速而全面地掌握 Photoshop CS6 的基本知识、操作方法与技巧。

本书以"完全实例"的形式进行编写，内容精练、主次分明、结构清晰、思路明确，讲解了平面图制作的最核心技术。全书共 12 章，包含 101 个案例和 74 个课后习题，每个案例均包含制作分析、重点软件工具（命令）、制作步骤和案例总结；每个课后习题均给出明确的制作提示。

本书适合 Photoshop 初学者，也可作为普通高等院校的专业教材，还可供相关行业及专业工作人员学习和参考。

◆ 编　　著　互联网+数字艺术教育研究院
　　责任编辑　税梦玲
　　责任印制　彭志环

◆ 人民邮电出版社出版发行　　北京市丰台区成寿寺路 11 号
　　邮编 100164　　电子邮件 315@ptpress.com.cn
　　网址 http://www.ptpress.com.cn
　　固安县铭成印刷有限公司印刷

◆ 开本：787×1092　1/16　　　彩插：4
　　印张：21.25　　　　　　　2017 年 1 月第 1 版
　　字数：566 千字　　　　　　2022 年 8 月河北第 5 次印刷

定价：79.80 元（附光盘）

读者服务热线：(010)81055256　印装质量热线：(010)81055316
反盗版热线：(010)81055315

编写目的

Photoshop是由Adobe公司推出的一款优秀的图像处理软件，它具有强大的图像处理功能，深受广大平面设计师的青睐，是当今世界上用户群最多的平面设计软件。Photoshop的应用领域大致包括：平面设计、照片处理、网页设计、界面设计、文字设计、插画设计、视觉创意以及三维设计等。

为了让读者能够快速且牢固地掌握Photoshop，我们立足于Photoshop最常用、最实用的软件功能，特地编写本书，并借助人民邮电出版社在线教育方面的技术优势、内容优势和人才优势，共同为读者提供一种"纸质图书+在线课程"相配套、全方位学习Photoshop软件的解决方案，读者可根据个人需求，利用本书和"微课云课堂"平台上的在线课程进行碎片化、移动化的学习。

平台支撑

"微课云课堂"目前包含近50000个微课视频，在资源展现上分为"微课云""云课堂"这两种形式。"微课云"是该平台中所有微课的集中展示区，用户可随需选择；"云课堂"是在现有微课云的基础上，为用户组建的推荐课程群，用户可以在"云课堂"中按推荐的课程进行系统化学习，或者将"微课云"中的内容进行自由组合，定制符合自己需求的课程。

★ "微课云课堂"的主要特点

微课资源海量，持续不断更新："微课云课堂"充分利用了出版社在信息技术领域的优势，以人民邮电出版社60多年的发展积累为基础，将资源经过分类、整理、加工以及微课化之后提供给用户。

资源精心分类，方便自主学习："微课云课堂"相当于一个庞大的微课视频资源库，按照门类进行一级和二级分类，以及难度等级分类，不同专业、不同层次的用户均可以在平台中搜索自己需要或者感兴趣的内容资源。

多终端自适应，碎片化移动化：绝大部分微课时长不超过10分钟，可以满足读者碎片化学习的需要；平台支持多终端自适应显示，除了可以在PC端使用外，用户还可以在移动端随心所欲地进行学习。

★ "微课云课堂"的使用方法

扫描封面上的二维码或者直接登录"微课云课堂"（www.ryweike.com）→用手机号码注册→在用户中心输入本书激活码（30823989），将本书包含的微课资源添加到个人账户，获取永久在线观看本课程微课视频的权限。

此外，购买本书的读者还将获得一年期价值168元的VIP会员资格，可免费学习50000个微课视频。

本书案例按"操作分析→重点工具→操作步骤→案例总结→课后习题"这一流程组织内容，具有以下特点。

操作分析：对案例对象进行分析，找出最简单、最高效的制作思路和制作方法，培养读者的分析能力和分析习惯。

重点工具：讲解制作过程中所需工具的理论知识，理论内容的设计以"必需、够用、实用"为度，着重实际训练。

操作步骤：根据操作分析的制作思路和制作方法，以简洁、通俗易懂的语言叙述操作步骤，力求步骤条理清晰、思路明确。另外，在部分步骤中嵌入了"TIPS"，介绍工作中常用的操作技巧和注意事项。

案例总结：对整个案例进行概括分析，总结案例的练习目的和应用方向、操作中需要注意的地方、在行业领域中的注意事项。

课后习题：结合案例的内容设置难度恰当的课后习题，用以练习案例中常用的命令或工具，以达到课上学习、课后巩固，加深对知识技法的印象的目的。

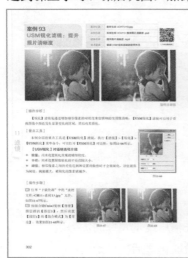

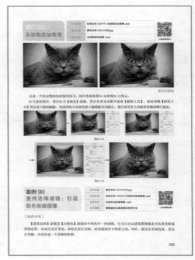

为方便读者线下学习或教师教学，本书除了提供线上学习的支撑以外，还附赠学习资源，其中包含"素材文件""实例文件""微课视频"和"PPT课件"4个文件夹。

素材文件：包含案例和课后习题中所需要的所有素材图片。

实例文件：包含制作好的案例和课后习题的PSD文件。

微课视频：包含课堂案例和课后习题的操作视频。

PPT课件：包含与书配套、制作精美的PPT。

编者
2016年6月

目录
CONTENT

进入 Photoshop CS6 的世界

Photoshop是由Adobe公司推出的图形图像处理软件，它有强大的图像处理功能，是最受欢迎的平面制图软件之一。本章首先介绍Photoshop CS6的发展史、在相关领域的应用、图像的相关知识，然后介绍Photoshop CS6的工作界面、常规界面操作、常规文件操作，所讲的操作比较简单且方法相对固定，但它们的使用频率非常高，请反复练习。

本章学习要点

- Photoshop CS6的新功能
- 认识Photoshop的应用领域
- 了解图像的相关知识
- 设置Photoshop的重要首选项
- 熟悉Photoshop CS6的工作界面
- 掌握Photoshop CS6的文件操作

Photoshop CS6的新功能

〈 重点功能

Photoshop CS6将之前版本中的【窗口】>【动画】菜单命令改成了【窗口】>【时间轴】菜单命令，但是制作动画的方法和步骤基本一致。

1. 内容识别修复

利用最新的内容识别技术能更好地修复图片，只需选择用于修复图片的样本，然后就能看到"内容识别修复"神奇地融合像素，从而实现绝佳效果。

2. Mercury图形引擎

借助液化、操控变形和裁剪等主要工具进行编辑时能够即时查看效果。全新的Adobe Mercury图形引擎拥有前所未有的响应速度，让用户工作起来如行云流水般流畅。

〈 更新功能

1. 智能滤镜

在图像上添加、调整和删除滤镜，而不必重新保存图像或重新开始以保持质量。非破坏性智能滤镜可让用户查看更改而不必更改原始像素数据。

2. 智能对象

使用智能对象，可以对栅格化图形和矢量图形进行非破坏性缩放、旋转及变形。甚至可以保持Adobe Illustrator软件中矢量数据的可编辑性。

3. 后台存储

即使在后台存储大型的Photoshop文件，也能同时让用户继续工作，改善性能以协助提高用户的工作效率。

4. 存储快捷键

新增了一个首选项，它可以帮助用户确保将所有打开的图像存储到上一次存储图像的文件夹。

5. 自动恢复

自动恢复选项可在后台工作，因此可以在不影响用户操作的同时存储编辑内容。每隔10分钟存储用户工作内容，以便在意外关机时可以自动恢复用户的文件。

6. 可实现中灰密度的渐变工具预设

使用"中灰密度"预设来模拟中灰密度滤镜，单击一次可由渐变工具将照片曝光过度的地方变暗，同时其余地方保持不变。

7. 肤色识别选择和蒙版

创建精确的选区和蒙版，让用户不费力地调整或保留肤色；轻松选择精细的图像元素，例如脸孔、头发等。

8. 创新的侵蚀效果画笔

使用具侵蚀效果的绘图笔尖，产生更自然逼真的效果。任意磨钝和削尖炭笔或蜡笔，以创建不同的效果，并将常用的钝化笔尖效果存储为预设。

9. 自适应广角

轻松拉直全景图像或使用鱼眼或广角镜头拍摄的照片中的弯曲对象。全新的画布工具会运用个别镜头的物理特性自动校正弯曲，而Mercury图形引擎可让用户实时查看调整结果。

Photoshop CS6 完全自学案例教程（微课版）

认识Photoshop的应用领域

Photoshop是由Adobe公司旗下最出名的图像处理软件，功能强大，应用领域广泛下面将对其进行详细介绍。

〈 **平面设计**

毫无疑问，平面设计是Photoshop应用最为广泛的领域，无论是图书封面，还是在大街上看到的招帖、海报，这些具有丰富图像的平面印刷品，基本上都使用Photoshop来对图像进行处理，服装海报设计如图1-1所示。

图1-1

〈 **照片处理**

Photoshop具有强大的图像修饰功能，利用这些功能，可以快速修复一张破损的老照片，也可以修复人脸上的斑点等缺陷，还可以给照片调色或者添加装饰元素、制作个性化的影集等，个性婚纱照如图1-2所示。

〈 **网页设计**

随着网络的迅速普及，人们对网页的审美要求也在不断提高，使用Photoshop可以美化网页元素。因此，网页设计中也常常使用Photoshop。饮料网页设计如图1-3所示。

图1-2

图1-3

〈 界面设计

　　界面设计是一个新兴的领域，已经受到越来越多的软件企业及开发者的重视。界面的设计，既要从外观上进行创意以达到吸引人的目的，还要结合图形和版面设计的相关原理，从而使得界面设计变成独特的艺术。而Photoshop无疑是绝大多数设计者的首选，手机闹钟界面设计如图1-4所示。

图1-4

〈 文字设计

　　当文字遇到Photoshop，就已经注定不再普通。Photoshop可以制作出各种形状、质感和充满特效的文字，使文字变得更加美观、富有个性，大大加强了文字的感染力，而这些艺术化处理后的文字也会为图像增加意想不到的效果，立体文字设计如图1-5所示。

〈 插画设计

　　Photoshop的强大功能和广泛运用，使得它在插画设计上有着不可取代的地位，从最初的形象设定到最后渲染输出，插画设计师都离不开Photoshop。现在很多人已经开始采用电脑图形设计工具创作插图，无论是要简洁大方还是繁复绵密的效果，无论是具有油画、水彩、版画风格的传统媒介效果还是具有新变化、新趣味的数字图形效果，都可以通过Photoshop更方便快捷地完成，人物插画设计如图1-6所示。

图1-5

图1-6

〈 视觉创意

　　视觉创意与设计是设计艺术的一个分支，此类设计通常没有非常明显的商业目的，但由于它为广大设计爱好者提供了广阔的设计空间，因此越来越多的设计爱好者开始注重视觉创意，并逐渐形成一套属于自己的特色与风格，视觉设计如图1-7所示。

图1-7

三维设计

Photoshop的三维设计主要有两方面：一是对效果图进行后期修饰，包括配景的搭配及色调的调整，别墅三维效果如图1-8所示；二是绘制精美的三维贴图。再好的三维模型，如果无法为模型应用逼真的帖图，就无法得到较好的渲染效果，三维贴图效果如图1-9所示。

图1-8   图1-9

了解图像的相关知识

像素与分辨率

在Photoshop中，图像处理是指对图像进行修饰、合成以及校色等操作。Photoshop中的图像主要分为位图和矢量图两种，而图像的尺寸及清晰度则是由图像的像素与分辨率来控制的。

像素

像素是构成位图图像的最基本单位。在通常情况下，一张普通的数码照片必然有连续的色调和明暗过渡。如果把数字图像放大数倍，则会发现这些连续色调是由许多色彩相近的小方点组成的，这些小方点就是构成图像的最小单位——像素。构成一幅图像的像素点越多，色彩信息越丰富，效果就越好，当然文件所占的空间也就越大。在位图中，像素的大小是指沿图像的宽度和高度测量出的像素数目，图1-10所示的3张图像的像素大小分别为1550×872、1050×591和550×310，可以清楚地观察到第一张图的效果是最好的。

像素大小为1550×872的图像   像素大小为1050×591的图像   像素大小为550×310的图像

图1-10

分辨率是指位图图像中的细节精细度，测量单位是像素/英寸（ppi），每英寸的像素越多，分辨率越高。一般来说，图像的分辨率越高，印刷出来的质量就越好。例如，图1-11所示为两张尺寸相同、内容相同的图像，左图的分辨率为300ppi，右图的分辨率为72ppi。可以观察到这两张图像的清晰度有着明显的差异，左图的清晰度明显要高于右图。

分辨率为300ppi
分辨率为72ppi

图1-11

《 位图与矢量图

1. 位图

位图在技术上被称为【栅格图像】，也就是通常所说的【点阵图像】或【绘制图像】。位图由像素组成，每个像素都会被分配一个特定位置和颜色值。相对于矢量图，在处理位图时所编辑的对象是像素而不是对象或形状。

如果将图1-12所示的图像放大8倍，可以发现图像会发虚，如图1-13所示；而将其放大32倍时，就会清晰地观察到图像中有很多小方块，这些小方块就是构成图像的像素，如图1-14所示。

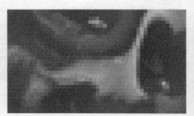

图1-12
图1-13
图1-14

2. 矢量图

矢量图也称为矢量形状或矢量对象，数学上将其定义为一系列由线连接的点，Illustrator、CorelDRAW、AutoCAD等软件就是以矢量图形为基础进行创作的。与位图图像不同，矢量文件中的图形元素称为矢量图像的对象，每个对象都是一个自成一体的实体，它具有颜色、形状、轮廓、大小和屏幕位置等属性，如图1-15和图1-16所示。

图1-15　　　　　　　　　　　　　　　　图1-16

对于矢量图形，无论是移动还是修改，矢量图形都不会丢失细节或影响其清晰度。调整矢量图形的大小后，无论是将矢量图形打印到任何尺寸的介质上，还是在PDF文件中保存矢量图形或将矢量图形导入到基于矢量的图形应用程序中，矢量图形都将保持清晰的边缘。将图1-17所示的图像放大8倍，如图1-18所示，图形很清晰；将其放大32倍时，如图1-19所示，图形依然很清晰，这就是矢量图形的最大优势。

图1-17　　　　　　　　　　图1-18　　　　　　　　　　图1-19

〈 常用的图像颜色模式

图像的颜色模式是指将某种颜色表现为数字形式的模型，或者说是一种记录图像颜色的方式。在Photoshop中，颜色模式分为位图模式、灰度模式、双色调模式、索引颜色模式、RGB颜色模式、CMYK颜色模式、Lab颜色模式和多通道模式。在处理人像数码照片时，一般使用RGB颜色模式、CMYK颜色模式和Lab颜色模式。

1. RGB颜色模式

RGB颜色模式是一种发光模式，也叫【加光】模式。RGB分别代表Red（红色）、Green（绿色）、Blue（蓝色）。在【通道】面板中可以查看到这3种颜色通道的状态信息， RGB颜色模式下的图像只有在发光体上才能显示出来，如显示器、电视等，该模式所包括的颜色信息（色域）有1670多万种，是一种真色彩颜色模式。

2. CMYK颜色模式

CMYK颜色模式是一种印刷模式，也叫【减光】模式，该模式下的图像只有在印刷体上才可以观察到，如纸张。CMYK颜色模式包含的颜色总数比RGB颜色模式少很多，所以在显示器上观察到的图像要比印刷出来的图像亮丽一些。CMYK是4种印刷油墨名称的首字母，C代表Cyan（青色）、M代表Magenta（洋红）、Y代表Yellow（黄色）、K代表Black（黑色），这是为了避免与Blue（蓝色）混淆，因此黑色选用的是Black最后一个字母K。在【通道】面板中可以查看到4种颜色通道的状态信息。

> **TIPS**
>
> 在制作需要印刷的图像时就需要使用到CMYK颜色模式。将RGB图像转换为CMYK图像会产生分色现象。在RGB模式下，可以通过执行【视图】>【校样设置】菜单下的子命令来模拟转换CMYK后的效果。

3. Lab颜色模式

Lab颜色模式由照度（L）和有关色彩的a、b这3个要素组成，L表示Luminosity（照度），相当于亮度；a表示从红色到绿色的范围；b表示从黄色到蓝色的范围。Lab颜色模式的亮度分量（L）范围为0~100，在Adobe拾色器和【颜色】面板中a分量（绿色—红色轴）和b分量（蓝色—黄色轴）的范围为－128~＋127。

> **TIPS**
>
> Lab颜色模式是最接近真实世界颜色的一种色彩模式，它同时包括RGB颜色模式和CMYK颜色模式中的所有颜色信息，所以在将RGB颜色模式转换为CMYK颜色模式之前，要先将RGB颜色模式转换为Lab颜色模式，再将Lab颜色模式转换为CMYK颜色模式，这样就不会丢失颜色信息。

❬ 图像的位深度

在【图像】>【模式】菜单下可以观察到【8位/通道】、【16位/通道】和【32位/通道】3个子命令，这3个子命令就是通常所说的【位深度】，如图1-20所示。【位深度】主要用于指定图像中的每个像素可以使用的颜色信息数量，每个像素使用的信息位数越多，可用的颜色就越多，色彩的表现就越逼真。

图1-20

1. 8位/通道

8位/通道的RGB图像中的每个通道可以包含256种颜色，这就意味着这张图像可能拥有1600万个以上的颜色值。

2. 16位/通道

16位/通道的图像的位深度为16位，每个通道包含65000种颜色信息，所以图像中的色彩通常会更加丰富与细腻。

3. 32位/通道

32位/通道的图像也称为高动态范围（HDRI）图像。它是一种亮度范围非常广的图像。与其他通道模式的图像相比，32位/通道的图像有着更大亮度的数据存储，而且它记录亮度的方式与传统的图片不同——不是用非线性的方式将亮度信息压缩到8bit或16bit的颜色空间内，而是用直接对应的方式记录亮度信息。由于它记录了图片环境中的照明信息，因此通常可以使用这种图像来【照亮】场景。

当用Photoshop CS6制作或处理好一幅图像后，就需要对其进行存储。这时，选择一种合适的文件格式显得尤为重要。Photoshop CS6有20多种文件格式可供选择。这些文件中，既有Photoshop CS6的专用格式，也有用于应用程序交换的文件格式，还有一些特殊格式。

◆ PDS格式：PSD格式是Photoshop的专用图像格式或默认存储格式，可以保存图片的完整信息，图层、蒙版、通道、路径、未栅格化的文字、图层样式等都可以被保存。一般情况下，保存文件都采用这种格式，以便随时修改编辑，但是这种格式的图像文件一般较大。

◆ JPEG格式：JPEG格式是平时最常用的一种图像格式。它是一个最有效、最基本的有损压缩格式，被大多数的图像处理软件所支持。

◆ BMP格式：BMP格式是微软开发的固有格式，这种格式被大多数软件支持，它采用了一种叫RLE的无损压缩格式，对图像质量不会产生什么影响。

◆ GIF格式：GIF格式是输出图像到网页中最常用的格式，GIF格式采用LZW压缩，支持透明度、压缩、交错和动画GIF，被广泛应用在网络中。

◆ PNG格式：PNG格式是专门为Web开发的，它是一种将图像压缩到Web上的文件格式。PNG格式与GIF格式不同的是，PNG格式支持244位图像并产生无锯齿状的透明背景。

◆ PDF格式：PDF格式是由Adobe Systems创建的一种文件格式，允许在屏幕上查看电子文档。PDF文件还可以被嵌入Web的HTML文档中。

◆ EPS格式：EPS是为PostScript打印机输出图像而开发的文件格式，被广泛应用于Mac和PC环境下的图形设计和版面设计中。几乎所有的图形、图表和页面排版程序都支持这种格式。

◆ TIFF格式：TIFF格式的特点是图像格式复杂、存储信息多，是在Mac中广泛使用的图像格式，正因为它存储的图像细微层次的信息非常多，图像的质量也得以提高，故而非常有利于原稿的复制。很多地方将TIFF格式用于印刷。

设置Photoshop的重要首选项

为了更好地使用Photoshop，提高软件的运行速度，对Photoshop的重要首选项进行设置很必要。

执行【编辑】>【首选项】>【常规】菜单命令或按组合键Ctrl+K，可以打开【首选项】对话框，如图1-21所示。在该对话框中，可以修改Photoshop CS6的【常规】、【界面】、【文件处理】、【性能】、【光标】、【透明度】与【色域】等设置。设置好首选项以后，每次启动Photoshop都会按照这个设置来运行。在下面的内容当中，只介绍在实际工作中最常用的一些首选项设置。

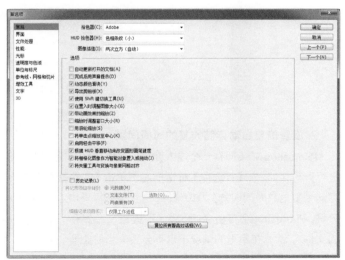

图1-21

1. 设置界面的颜色

打开Photoshop CS6以后，界面默认显示颜色为接近黑色的灰色，如图1-22所示。如果要将其设置为其他颜色，可以在【首选项】对话框中单击【界面】选项，切换到【界面】面板，然后在【颜色方案】中选择需要的颜色即可，如图1-23所示。

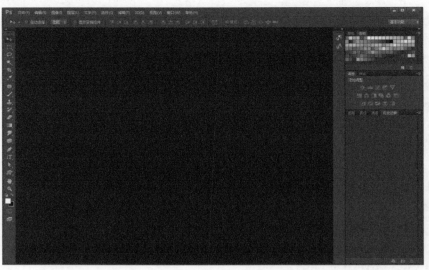

图1-22

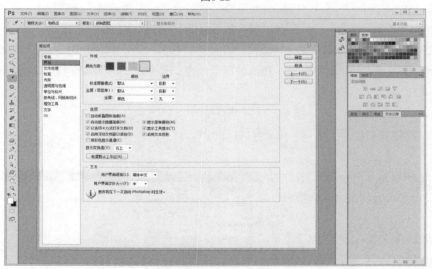

图1-23

2. 设置信息自动存储恢复的时间间隔

Photoshop CS6拥有一个很人性化的自动存储功能，利用该功能可以在设置的时间段内对当前处理的文件进行自动存储。在【首选项】对话框左侧单击【文件处理】选项，切换到【文件存储选项】面板，默认的【自动存储恢复信息时间间隔】为10分钟，也就是说每隔10分钟，Photoshop会自动存储一次（不覆盖已经保存的文件），就算在断电的情况下也不会丢失当前处理的文件，如图1-24所示。

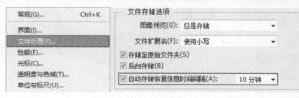

图1-24

3. 设置历史记录次数

在默认情况下，Photoshop只记录当前操作的前20个步骤，如果要想返回到靠前的步骤，就需要将历史记录的值设置得更大一些。在【首选项】对话框左侧单击【性能】选项，切换到【性能】面板，在【历史记录状态】选项中即可设置相应的记录步骤数，如图1-25所示。

图1-25

4. 提高软件运行速度

随着计算机硬件的不断升级，Photoshop也开发出了一个相应的图像处理器，用于提高软件的运行速度。在【首选项】对话框左侧单击【性能】选项，切换到【性能】面板，勾选【使用图像处理器】选项，可以加速处理一些大型的图形以及3D文件，图1-26所示。另外，如果不开启该功能，Photoshop的某些滤镜也不能用，如【自适应广角】滤镜。

图1-26

案例 01
认识界面结构

素材位置	无
实例位置	无
视频名称	认识界面结构 .mp4
技术掌握	认识 Photoshop CS6 的工作界面

（扫码观看视频）

双击桌面上的快捷方式，启动Photoshop CS6，进入其工作界面，如图1-27所示。

图1-27

Photoshop CS6的工作界面分为【菜单栏】【选项栏】【标题栏】【文档窗口】【工具箱】【状态栏】和【面板】7大部分。

下面对常用界面进行介绍

◆ **菜单栏**：Photoshop CS6的【菜单栏】位于界面的最顶端，包含【文件】【编辑】【图像】【图层】【文字】【选择】【滤镜】【3D】【视图】【窗口】和【帮助】11组主菜单，如图1-28所示。

文件(F) 编辑(E) 图像(I) 图层(L) 文字(Y) 选择(S) 滤镜(T) 3D(D) 视图(V) 窗口(W) 帮助(H)

图1-28

◆ **文档窗口**：【文档窗口】是显示打开图像的地方。如果只打开一张图像，则只有一个【文档窗口】，如图1-30所示；如果打开多张图像，则【文件窗口】会按选项卡的方式进行显示，如图1-31所示。单击其中一个【文档窗口】的【标题栏】即可将其设置为当前工作窗口。

◆ **标题栏**：打开一个文件以后，Photoshop会自动创建一个【标题栏】。【标题栏】中会显示当前文件的【名称】【格式】【窗口缩放比例】及【颜色模式】等信息。如图1-29所示。

图1-29

图1-30

图1-31

TIPS

在默认情况下，Photoshop中打开的所有文件都会以停放为选项卡的方式紧挨在一起。按住鼠标左键拖曳【文档窗口】的【标题栏】，可以将其设置为浮动窗口，如图1-32所示。按住鼠标左键将浮动窗口的标题栏拖曳到选项卡区域，文件窗口会停放到选项卡中，如图1-33所示。

图1-32   图1-33

◆ **工具箱：**【工具栏】中集合了Photoshop的大部分工具，共分为8组，包括选择工具组、裁剪与切片工具组、吸管与测量工具组、修饰工具组（包括绘画工具组）、路径与矢量工具组、文字工具组和导航工具组，外加一组设置颜色和切换模式的图标，以及一个特殊工具【以快速蒙版模式编辑】，如图1-34所示。用鼠标左键单击一个工具，即可选择该工具，如果工具的右下角带有三角形图标，则表示这是一个工具组，在工具上单击鼠标右键即可弹出隐藏的工具。

图1-34

TIPS

【工具箱】可以单双栏切换，单击【工具箱】顶部的 ▶▶ 按钮，可以将其由单栏变成双栏，如图1-35所示，同时 ▶▶ 按钮会变成 ◀◀ 按钮，再次单击，可以将其还原为单栏。此外，还可以将【工具箱】设置为浮动状态，方法是将光标放在 ▦▦▦▦▦ 图标上，然后按住鼠标左键进行拖曳（将工具箱拖曳到原处，可以将其还原为停靠状态）。

图1-35

◆ **选项栏：**【选项栏】主要用来设置工具的参数，不同的工具【选项栏】也不同。例如，当选择【移动工具】 ▶⊕ 时，其【选项栏】会显示图1-36所示的内容。

图1-36

◆ **状态栏：**【状态栏】位于工作界面的最底部，可以显示当前【文档大小】【文档尺寸】【当前工具】和【测量比例】等信息，单击【状态栏】中的三角形 ▶ 按钮，可设置要显示的内容，如图1-37所示。

◆ **面板：**Photoshop CS6一共有26个面板，这些面板主要用来配合图像的编辑、对操作进行控制以及设置参数等。执行【窗口】菜单下的命令可以打开面板，如图1-38所示。例如，执行【窗口】>【色板】菜单命令，使【色板】命令处于勾选状态，那么就可以在工作界面中显示【色板】面板，如图1-39所示。

图1-37

图1-38

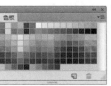

图1-39

素材位置	无
实例位置	无
视频名称	新建文件 .mp4
技术掌握	掌握新建文件的方法

（扫码观看视频）

【操作分析】

在使用Photoshop进行图像处理时，通常会新建文件，然后在该文件中进行图像创作。

【重要参数】

执行【文件】>【新建】菜单命令，如图1-40所示；打开【新建】对话框，然后在该对话框中可以设置新建文件的名称、宽度、高度和分辨率、颜色模式、背景内容等属性，如图1-41所示。

图1-40　　　　　　　　图1-41

【新建】对话框参数介绍

◆ 名称：用于设置文件的名称，默认情况下的文件名为【未标题1】。

◆ 预设：用于选择一些内置的常用尺寸，单击预设下拉列表即可进行选择。预设列表中包含了【剪贴板】【默认Photoshop大小】【美国标准纸张】【国际标准纸张】【照片】【Web】【移动设备】【胶片和视频】和【自定】9个选项，如图1-42所示。

◆ 大小：用于设置预设类型的大小，在设置预设为【美国标准纸张】【国际标准纸张】【照片】【Web】【移动设备】【胶片和视频】时，大小选项才可用，以【国际标准纸张】预设为例，如图1-43所示。

图1-42　　　　　　　　图1-43

◆ 宽度/高度：用于设置文件的宽度和高度，其单位有【像素】【英寸】【厘米】【毫米】【点】【派卡】和【列】7种，如图1-44所示。

◆ 分辨率：用来设置文件的分辨率，其单位有【像素/英寸】和【像素/厘米】两种，如图1-45所示，在一般情况下，图像的分辨率越高，印刷出来的质量就越好。

◆ 颜色模式：用来设置文件的颜色模式以及相应的颜色深度。颜色模式可以选择【位图】【灰度】【RGB颜色】【CMYK颜色】或【Lab颜色】，如图1-46所示，颜色深度可以选择1位、8位、16位或32位，如图1-47所示。

◆ 背景内容：设置文件的背景内容，有【白色】【背景色】和【透明】3个选项，如图1-48所示。

图1-44　　　　图1-45　　　　图1-46　　　　图1-47　　　　　　图1-48

【操作步骤】

01 启动Photoshop CS6，执行【文件】>【新建】菜单命令（组合键为Ctrl+N），如图1-49所示。

02 系统会自动打开【新建】对话框，在对话框中设置【名称】为【案例02】、【宽度】为62厘米、【高度】为62厘米，单击【确定】按钮 [确定] 完成创建，如图1-50所示。

图1-49

图1-50

TIPS

如果设置背景内容为白色，则新建文件的背景色就是白色，如果设置【背景内容】为背景色，则新建文件的背景色就是Photoshop当前设置的背景色，如果设置背景内容为透明，则新建文件的背景就是透明的，如图1-51所示。

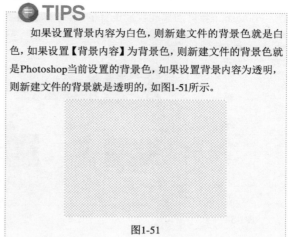

图1-51

【案例总结】

新建文件是Photoshop使用时最基本的操作，通常新建文件以后才可以在新建的画布中进行操作，本案例主要介绍了新建文件的各种方法、命令和组合键，而使用组合键是最便捷省时的，同时在新建文件的时候要注意新建文件的单位和分辨率。

案例03
打开/存储/关闭文件

素材位置	素材文件 >CH01>01.jpg
实例位置	实例文件 >CH01> 打开 / 存储 / 关闭文件 .psd
视频名称	打开 / 存储 / 关闭文件 .mp4
技术掌握	掌握打开 / 存储 / 关闭文件的方法

（扫码观看视频）

【操作分析】

在实际工作中，我们会直接对某个图片进行处理，首先我们需要在Photoshop中直接打开相应的图片，待处理完成后，将其进行存储即可。

【重要命令】

（1）打开文件

执行【文件】>【打开】菜单命令可以打开一个或多个文件，组合键为Ctrl+O。

（2）存储文件

执行【文件】>【存储】菜单命令可以保存一份文件，组合键为Ctrl+S。

执行【文件】>【存储为】菜单命令可以另存一份新文件，组合键为Shift+Ctrl+S。

（3）关闭文件

执行【文件】>【关闭】菜单命令可以关闭一份文件，组合键为Ctrl+W。

执行【文件】>【关闭全部】菜单命令可以关闭所有文件，组合键为Alt+Ctrl+W。

执行【文件】>【退出】菜单命令可以关闭所有的文件并退出Photoshop，组合键为Ctrl+W。

【操作步骤】

01 执行【文件】>【打开】菜单命令（组合键为Ctrl+O），如图1-52所示。

02 系统会自动打开【打开】对话框，选择"素材文件>CH01>01.jpg"文件，单击【打开】按钮 打开(0) 或双击文件即可在Photoshop中打开该文件，如图1-53所示。

03 Photoshop会自动加载我们选择的图片，如图1-54所示。

图1-52   图1-53

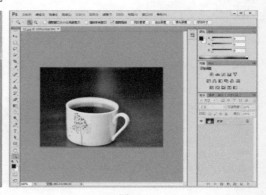

图1-54

TIPS

打开文件的方式还可以利用快捷方式打开文件，选择一个需要打开的文件，然后将其拖曳到Photoshop的快捷图标上，如图1-55所示；或者选中需要打开的文件并单击鼠标右键，接着在弹出的快捷菜单中选择【打开方式】，如图1-56所示。

图1-55   图1-56

如果已经运行了Photoshop，也可以在灰色的Photoshop工作界面双击鼠标左键打开文件，或者直接将需要打开的文件拖曳到Photoshop的窗口中，如图1-57所示。

图1-57

04 当需要对当前Photoshop CS6中的图像进行保存的时候,执行【文件】>【存储为】菜单命令,如图1-58所示;系统会自动打开【存储为】对话框,通过设置文件保存位置、文件名称、文件格式,然后单击【确定】按钮 ⟨ 确定 ⟩可以保存当前文档,如图1-59所示。

图1-58   图1-59

05 存储操作完成后,在刚才设置的文件位置中可以找到新存储的文件,如图1-60所示。

图1-60

⊜TIPS

【存储为】命令可以将当前文件重新保存为一个新的文件,而原文件内容不发生改变。若不需要保留原文件,可以直接执行【保存】命令。如果是新建的一个文件,那么在执行【文件】>【存储】菜单命令时,页面也会弹出【存储为】对话框。

在【存储为】时,保存的格式常用的是PSD和JPEG格式,如图1-61所示。

图1-61

06 当结束Photoshop工作时，可以通过单击Photoshop界面右上角的【关闭】按钮 × 关闭软件，如图1-62所示。

图1-62

TIPS

　　Photoshop提供了4种关闭文件的方法，如图1-63所示，【关闭并转到Bridge】命令在日常工作中很少用到，这里就不做详解了。

　　关闭：执行【文件】>【关闭】菜单命令（组合键为Ctrl+W），或单击标题栏上的【关闭】按钮，如图1-64所示，可以关闭当前处于编辑状态的文件。使用这种方法关闭文件时，其他文件将不受任何影响。

图1-63　　　　　　　　　　　　　　　　图1-64

　　退出：执行【文件】>【退出】菜单命令（组合键为Ctrl+Q）或者单击Photoshop界面右上角的【关闭】按钮 × ，可以关闭所有的文件并退出Photoshop。

【案例总结】

　　本案例介绍了打开文件的几种方法，常用的是组合键Ctrl+O；对文件进行保存常用的是组合键Ctrl+S或组合键Shift+Ctrl+S，但是要注意文件保存的位置，方便以后查找；关闭软件时常单击Photoshop界面右上角的【关闭】按钮 × 。

Photoshop CS6 的基本操作

本章主要介绍了在Photoshop中如何对图像进行简单的图像修改及基本操作，它们在软件的日常操作中使用频率非常高，掌握好这些操作，有助于使用者更快、更准确地处理图像，同时也使作品质量得到提高，工作效率得到提升。

本章学习要点

- 修改图像和画布大小
- 熟悉图像处理中的辅助工具
- 历史记录的还原操作
- 裁剪图像
- 图像的基本变换
- 内容识别比例变换

案例 04
修改图像大小

素材位置	素材文件 >CH02>01.jpg
实例位置	实例文件 >CH02> 修改图像大小 .psd
视频名称	修改图像大小 .mp4
技术掌握	掌握修改图像大小的方法

（扫码观看视频）

最终效果图

【操作分析】

在Photoshop中对图像操作完成后需要进行打印时，可以通过执行【图像】>【图像大小】菜单命令修改【图像大小】来设置图像的打印尺寸。

【重要命令】

执行【图像】>【图像大小】菜单命令可以打开其对话框修改图像的大小，如图2-1所示，组合键为Alt+Ctrl+I。

【图像大小】对话框参数介绍

◆ **宽度/高度**：增减【宽度/高度】的值会使像素数量得到相应的增减，此时图像虽然变化了，但是画面质量不变。

◆ **分辨率**：提升图像的【分辨率】，则会增加新的像素，此时图像尺寸也会随着变大，而画面质量也会下降。降低图像的【分辨率】，则会减少新的像素，此时图像尺寸也会随着变小，而画面质量也会提高。

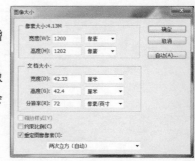

图2-1

【操作步骤】

01 按组合键Ctrl+O打开下载资源中的"素材文件>CH02>素材01.jpg"文件，如图2-2所示。

02 执行【图像】>【图像大小】菜单命令，打开【图像大小】对话框，如图2-3和图2-4所示。

（旁注竖排）Photoshop CS6 完全自学案例教程（微课版）

20

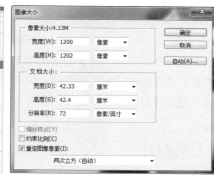

图2-2 图2-3 图2-4

03 在打开的对话框中修改【宽度】【高度】和【分辨率】，然后单击【确定】按钮 确定 完成修改，具体参数如图2-5所示，最终效果如图2-6所示。

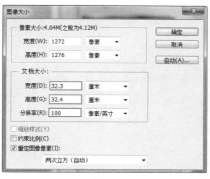

图2-5

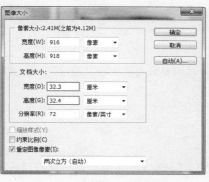

图2-6

⊖TIPS

在【图像大小】对话框中改变图像尺寸时，减小文档的【宽度】和【高度】值时，会减少像素数量，此时虽然图像变小，但画面质量仍然不变，如图2-7所示，效果如图2-8所示。

图2-7 图2-8

在【图像大小】对话框中改变图像尺寸时，若提高文档的【分辨率】，则会增加新的像素，此时虽然尺寸变大，但画面的质量会降低，如图2-9所示，效果如图2-10所示。

图2-9 图2-10

修改像素大小后，新文件的大小会出现在对话框的顶部，旧文件大小在括号内显示。

【案例总结】

　　本案例讲解了如何通过执行【图像】>【图像大小】菜单命令，并在其对话框中设置参数来改变图像的大小。在设置【宽度】和【高度】的时候，可以根据需要勾选或取消【约束比例】，当勾选【约束比例】更改图像的【宽度】和【高度】时，只需要更改两项中的一项，另一项会根据比例自动更改；而更改图像的【分辨率】会改变图像的显示大小。

案例 05 修改与旋转画布	素材位置	素材文件 >CH02>02.jpg
	实例位置	实例文件 >CH02> 修改与旋转画布 .psd
	视频名称	修改与旋转画布 .mp4
	技术掌握	掌握修改与旋转画布的方法

（扫码观看视频）

最终效果图

【操作分析】

　　画布指整个文档的工作区域，在Photoshop中可以调整画布的大小，通过这一方式扩展画布尺寸后，扩展区域的空白像素可被填充为指定的颜色。

【重要命令】

　　（1）修改画布

　　执行【图像】>【画布大小】菜单命令可以打开【画布大小】对话框，进而对画布的【宽度】【高度】【定位】和【画布扩展颜色】进行调整，组合键为Alt+Ctrl+C，如图2-11所示。

　　参数详解

◆　当前大小：【当前大小】选项组下显示的是文档的实际大小，以及图像的【宽度】和【高度】的实际尺寸。

◆　新建大小：【新建大小】指修改画布尺寸后的大小，当输入的【宽度】和【高度】值大于原始画布尺寸时，会增大画布；当输入的【宽度】和【高度】值小于原始画布尺寸时，Photoshop会裁掉超出画布区域的图像。

图2-11

◆　画布扩展颜色：【画布扩展颜色】指填充新画布的颜色，只针对背景图层的操作，如果图像的背景是透明的，那么【画布扩展颜色】选项将不可用，新增加的画布也是透明的。

Photoshop CS6 完全自学案例教程（微课版）

（2）旋转画布

执行【图像】>【图像旋转】菜单命令可以对画布进行旋转，组合键为Alt+l+G。

【操作步骤】

01 按组合键Ctrl+O打开下载资源中的"素材文件>CH02>素材02.jpg"文件，如图2-12所示。

02 执行【图像】>【画布大小】菜单命令，打开【画布大小】对话框，如图2-13和图2-14所示。

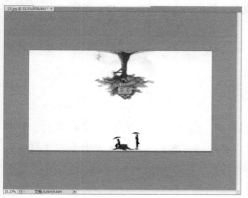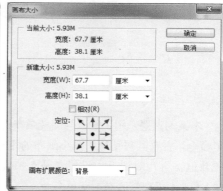

| 图2-12 | 图2-13 | 图2-14 |

03 更改【高度】为20.7厘米，然后单击【确定】按钮，如图2-15所示，效果如图2-16所示。

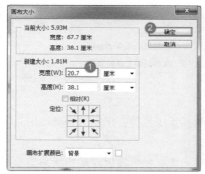

| 图2-15 | 图2-16 |

TIPS

注意，当新画布尺寸小于当前画布尺寸时，Photoshop会对当前画布进行裁剪，并且在裁剪前会弹出一个警告对话框，如图2-17所示，提醒用户是否进行裁剪操作，单击【继续】按钮将进行裁剪，单击【取消】按钮将不裁剪。

图2-17

04 执行【图像】>【画布大小】菜单命令打开【画布大小】对话框，然后更改【宽度】为30厘米、【高度】为50厘米，设置【画布扩展颜色】为（C：4，M：20，Y：11，K：0），接着单击【确定】按钮完成更改，如图2-18所示，效果如图2-19所示。

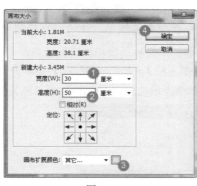

| 图2-18 | 图2-19 |

05 执行【图像】>【图像旋转】>【水平翻转画布】菜单命令，如图2-20所示，最终效果如图2-21所示。

图2-20　　　　　　　　　　　　　图2-21

【案例总结】

本案例主要介绍了修改与旋转画布的主要菜单命令及其组合键。通过执行【图像】>【画布大小】菜单命令，并在其对话框中减小画布的【宽度】值来缩短画布，接着同时增大画布的【宽度】和【高度】的数值，再在对话框中设置【画布扩展颜色】来改变扩展的画布颜色，最后执行【图像】>【图像旋转】>【水平翻转画布】菜单命令将画布水平翻转。

案例 06
使用辅助工具

素材位置	素材文件 >CH02>03.jpg
实例位置	无
视频名称	使用辅助工具 .mp4
技术掌握	掌握辅助工具的使用方法

（扫码观看视频）

【设置分析】

辅助工具包括标尺、参考线、网格和抓手工具等，借助这些辅助工具可以进行参考、对齐、对位等操作，有助于更快速、精确地处理图像。

标尺可以帮助用户精确地定位图像或元素。参考线以浮动的状态显示在图像上方，并且在输出和打印图像的时候，参考线都不会显示出来；同时，可以移动、移去和锁定参考线。网格主要用来对称排列图像，它在默认情况下显示为不打印出来单位线条，但也可以显示为点。当放大图像后查看某一区域时，可以使用【抓手工具】将图像移动到特定的区域进行查看。

【重点工具】

（1）执行【视图】>【标尺】菜单命令，可以在画布中显示出标尺，并精确地定位图像和元素，组合键为Ctrl+R。

（2）执行【视图】>【新建参考线】菜单命令，然后在打开的【新建参考线】对话框中根据需要设置参数，如图2-22所示，就可以在画布中新建参考线了；还可以直接将鼠标放在标尺上，当鼠标变成 ⬚ 图标时，如图2-23所示，按住鼠标左键的同时拖动鼠标即可创建新参考线，如图2-24和图2-25所示。新建参考线以后，执行【视图】>【锁定参考线】/【清除参考线】菜单命令，可以锁定或清除参考线；执行【视图】>【显示】>【参考线】菜单命令或按组合键Ctrl+；也可以关闭参考线。

图2-22

图2-23　　　　　　　　　　图2-24　　　　　　　　　　图2-25

TIPS

在使用标尺时，为了得到最精确的数值，可以将画布缩放比例设置为100%。在定位原点的过程中，按住Shift键可以使标尺原点与标尺刻度对齐。

参考线的使用技巧：

对于很多初学者来说，可能会遇到一个很难解决的问题，即很难将参考线与标尺刻度对齐。按住Shift键拖曳出参考线，可以使参考线自动吸附到标尺刻度上；按住Ctrl键可以将参考线放置在画布中的任意位置。

（3）执行【视图】>【显示】>【网格】菜单命令，就可以在画布中显示出网格。

（4）在【工具箱】中选择【抓手工具】 ，可以使用其以移动的方式来查看图像，其选项栏如图2-26所示。

图2-26

【设置步骤】

01 按组合键Ctrl+O打开下载资源中的"素材文件>CH02>素材03.jpg"文件，然后执行【视图】>【标尺】菜单命令在画布中显示出标尺，如图2-27和图2-28所示。

图2-27　　　　　　　　　　图2-28

02 将鼠标放在标尺上，当鼠标变成 图标时，按住鼠标左键拖动鼠标创建新的参考线，如图2-29所示，效果如图2-30所示，用完参考线之后执行【视图】>【清除参考线】菜单命令清除参考线。

图2-29　　　　　　　　　　图2-30

03 执行【视图】>【显示】>【网格】菜单命令在画布中显示出网格，如图2-31所示。

04 在【工具箱】中选择【缩放工具】或按快捷键Z，然后在图像中单击鼠标左键，放大图像的显示比例，如图2-32所示。

图2-31

图2-32

05 在【工具箱】中选择【抓手工具】🖐或按快捷键H，此时光标在画布中会变成🖐形状，按住鼠标左键拖曳图像可以查看图像的其他区域，如图2-33和图2-34所示。

图2-33

图2-34

💬 **TIPS**

在使用其他工具编辑图像时，可以按住Space键（即空格键）切换到抓手形状🖐，当松开Space键时，系统会自动切换回之前状态。

【案例总结】

本案例主要介绍了辅助工具的使用方法，包括标尺、参考线、网格和抓手工具等，借助这些辅助工具可以进行参考、对齐、对位和查看放大后的细节等操作。在平时的操作中可以根据具体情况打开相应的辅助工具，有助于更快速、精确地处理图像。

案例 07
历史记录的还原操作

素材位置	素材文件 >CH02>04.jpg
实例位置	无
视频名称	历史记录的还原操作 .mp4
技术掌握	掌握历史记录还原操作的方法

（扫码观看视频）

【操作分析】

在编辑图像时，每进行一次操作，Photoshop都会将其记录到【历史记录】面板中。也就是说，在【历史记录】面板中可以恢复到某一步的状态，同时也可以再次返回到当前的操作状态。

【重点工具】

执行【窗口】>【历史记录】菜单命令，可以打开【历史记录】面板，如图2-35所示，单击【历史记录】面板右上角的图标，然后在打开的菜单中选择【历史记录选项】命令，可以打开【历史记录选项】对话框，如图2-36所示。

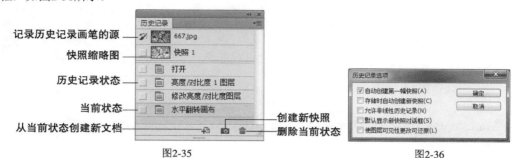

图2-35   图2-36

【历史记录】面板选项介绍

◆ **设置历史记录画笔的源** ：使用【历史记录画笔工具】 时，这个图标所在的位置代表历史记录画笔的源图像。

◆ **快照缩略图**：被记录为快照的图像状态。

◆ **历史记录状态**：Photoshop记录的每一步操作的状态。

◆ **当前状态**：将图像恢复到该命令的操作状态。

◆ **从当前状态创建新文档** ：以当前操作步骤中图像的状态创建一个新的文档。

◆ **创建新快照** ：以当前图像的状态创建一个新快照。

◆ **删除当前状态** ：选择一个历史记录后，单击该按钮可以将记录以及后面的记录删除。

历史记录选项介绍

◆ **自动创建第一幅快照**：打开图像时，图像的初始状态自动创建为快照。

◆ **存储时自动创建新快照**：在编辑的过程中，每保存一次文件，都会自动创建一个快照。

◆ **允许非线性历史记录**：勾选该选项以后，然后选择一个快照，当更改图像时将不会删除历史记录的所有状态。

◆ **默认显示新快照对话框**：强制Photoshop提示用户输入快照名称。

◆ **使图层可见性更改可还原**：保存对图层可见性的更改。

【操作步骤】

01 按组合键Ctrl+O打开下载资源中的"素材文件>CH02>素材04.jpg"文件，如图2-37所示。

02 执行【图像】>【图像翻转】>【水平旋转画布】菜单命令，效果如图2-38所示。

图2-37   图2-38

03 执行【窗口】>【历史记录】菜单命令，打开【历史记录】面板，在该面板中可以观察到之前所进行的操作，如图2-39所示。

04 如果想要返回到应用【打开】时的效果，可以在【历史记录】面板中单击【打开】状态，如图2-40所示，图像就会返回到【打开】步骤的效果，效果如图2-41所示。

图2-39

图2-40

图2-41

TIPS

在使用Photoshop编辑时，除了在【历史记录】面板中可以恢复到某一步的操作状态，还可以使用一些菜单命令或者组合键来恢复。

还原：【还原】和【重做】两个命令相互关联。执行【编辑】>【还原】菜单命令，可以撤销最近的一次操作，将其还原到上一步操作的状态，组合键为Ctrl+Z。

后退一步和前进一步：如果要连续还原操作的步骤，就需要使用到【编辑】>【后退一步】菜单命令，或连续按组合键Alt+Ctrl+Z来逐步撤销操作；如果要取消还原的操作，可以连续执行【编辑】>【前进一步】菜单命令，或连续按组合键Shift+Ctrl+Z来逐步恢复被撤销的操作。

恢复：执行【文件】>【恢复】菜单命令或按F12键，可以直接将文件恢复到最后一次保存时的状态，或返回到刚打开文件时的状态。但是【恢复】命令只能针对已有图像的操作进行恢复，如果是新建的文件，【恢复】命令将不可用。

【案例总结】

【历史记录】面板记录了操作过程中的步骤，单击面板中的某一步可以恢复到某一步的状态，同时也可以再次返回到当前的操作状态。本案例主要介绍了历史记录的还原操作的使用方法和作用，因此就算在实际操作中遇到操作失误的情况，也是可以在【历史记录】面板中还原到想要的状态，但是需要注意的是，【历史记录】面板记录的步骤数是有限的，超出了软件设置的步骤记录数目，之前的步骤将不再显示。

案例 08
裁剪图像

素材位置	素材文件 >CH02>05.jpg
实例位置	实例文件 >CH02> 裁剪图像 .psd
视频名称	裁剪图像 .mp4
技术掌握	掌握裁剪工具的使用方法

（扫码观看视频）

最终效果图

【操作分析】

在做设计时，有时候为了突出或加强构图效果，或为了满足设计需求，需要裁剪掉多余的内容，对图像进行重新构图。

【重点工具】

选择【裁剪工具】🔲可以裁剪掉多余的图像，并重新定义画布的大小，快捷键为C，其选项栏如图2-42所示。

图2-42

【裁剪工具】选项介绍

◆ **比例**：在该下拉列表中可以选择一个约束选项，以按一定比例对图像进行裁剪，如图2-43所示。

◆ **拉直**：单击选项栏中的【拉直】按钮📏，可以通过在图像上绘制一条线来确定裁剪区域与裁剪框的旋转角度，完成后还可以通过裁剪框的边角来缩放裁剪区域，如图2-44和图2-45所示，效果如图2-46所示。

图2-43　　　　　　图2-44　　　　　　　图2-45　　　　　　　　图2-46

◆ **视图**：在该下拉列表中可以选择裁剪参考线的样式及其叠加方式，如图2-47所示。

◆ **设置其他裁剪选项**⚙：单击该按钮可以打开设置其他裁剪选项的设置面板，如图2-48所示。

图2-47　　　　　图2-48

◆ **删除裁剪的像素**：如果勾选该选项，在裁剪结束时将删除被裁剪的图像；如果关闭该选项，则被裁剪的图像隐藏在画布之外。

【操作步骤】

01 按组合键Ctrl+O打开下载资源中的"素材文件>CH02>素材05.jpg"文件，如图2-49所示。

02 选择【裁剪工具】按钮🔲，此时画布中会显示出裁剪框，如图2-50所示。

图2-49　　　　　　　　　　　　　图2-50

03 按住鼠标左键仔细调整裁剪框上的定界点确定裁剪区域，如图2-51所示；然后按Enter键完成裁剪，最终效果如图2-52所示。

图2-51　　　　　　　　　　　　　　　图2-52

【案例总结】

　　Photoshop的裁剪功能是非常实用的，在处理图像时为了使图像达到一定的效果，可能就需要使用【裁剪工具】裁剪图像。本案例主要介绍了【裁剪工具】的使用方法及其组合键，该工具可以根据操作者的实际操作来使其获得想要的图像的那一部分。

案例 09 图像的基本变换

素材位置	素材文件 >CH02>06.jpg、07.psd
实例位置	实例文件 >CH02> 图像的基本变换 .psd
视频名称	图像的基本变换 .mp4
技术掌握	掌握图像基本变换的方法

（扫码观看视频）

最终效果图

【操作分析】

　　在Photoshop中对图像进行操作时，通常会根据具体情况对图像进行移动、缩放、旋转、斜切、扭曲、透视、变形和翻转等变换操作，其中移动、缩放、旋转称为变换操作，而斜切和扭曲称为变形操作。

【重要工具及命令】

　　（1）移动工具：【移动工具】可以在单个或多个文档中移动图层、选区中的图像，选项栏如图2-53所示。

图2-53

【移动工具】选项介绍

◆ **自动选择**：如果文档中包含了多个图层或图层组，可以在后面的下拉列表中选择要自动选择的对象。如果选择【图层】选项，使用【移动工具】▶+在画布中单击时，可以自动选择【移动工具】▶+下面包含像素的最顶层的图层；如果选择【组】选项，在画布中单击时，可以自动选择【移动工具】▶+下面包含像素的最顶层的图层所在的图层组。

◆ **显示变换控件**：勾选该选项以后，当选择一个图层时，就会在图层内容的周围显示定界框。用户可以拖曳控制点来对图像进行变换操作。

◆ **对齐图层**：当同时选择了两个或两个以上的图层时，单击相应的按钮可以将所选图层进行对齐。对齐方式包括【顶对齐】▜、【垂直居中对齐】▜、【底对齐】▙、【左对齐】▛、【水平居中对齐】▟、【右对齐】▜，另外还有一个【自动对齐图层】▥。

◆ **分布图层**：如果选择了3个或3个以上的图层，单击相应的按钮可以将所选图层按一定规则进行均匀分布排列。分布方式包括【按顶分布】▤、【垂直居中分布】▤、【按底分布】▤、【按左分布】▥、【水平居中分布】▥、【按右分布】▥。

（2）**自由变换**：执行【编辑】>【自由变换】菜单命令，可用于在一个连续的操作中应用变换（旋转、缩放、斜切、扭曲和透视），也可以应用变形变换，同时不必选取其他命令，只需要在键盘上按住相关按键，即可在变换类型之间进行切换，组合键为Ctrl+T。

（3）执行【编辑】>【变换】菜单命令可以对图像进行缩放、旋转、斜切、扭曲、透视、变形和翻转，如图2-54所示。用这些命令可以对图层、路径、矢量图形，以及选区中的图像进行变换操作，另外还可以对矢量蒙版和Alpha通道应用变换。

图2-54

【变换】命令参数介绍

◆ **缩放**：使用【缩放】命令可以对图像进行缩放，原图如图2-55所示，命令如图2-56所示；不按任何组合键可以任意缩放图像，如图2-57所示。如果按住Shift键，可以等比例缩放图像，如图2-58所示；如果按住组合键Shift+Alt，可以以中心点为基准点等比例缩放图像，如图2-59所示。

图2-57

图2-55

图2-56

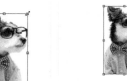

图2-58

图2-59

2 Photoshop CS6 的基本操作

31

◆ **旋转**：执行【编辑】>【变换】>【旋转】菜单命令可以围绕中心点转动变换对象。如果不按住任何组合键，可以任意旋转图像，如图2-60所示；如果按住Shift键，可以以15°为单位旋转图像，如图2-61所示。

图2-60

图2-61

◆ **斜切**：执行【编辑】>【变换】>【斜切】菜单命令，如果不按住任何键可以在任意方向上倾斜图像，如图2-62所示；如果按住Shift键，可以在垂直或水平方向上倾斜图像，如图2-63所示。

图2-62

图2-63

◆ **扭曲**：执行【编辑】>【变换】>【扭曲】菜单命令可以在各个方向上伸展变换对象。如果不按住任何键可以在任意方向上扭曲图像，如图2-64所示；如果按住Shift键，可以在垂直或水平方向上扭曲倾斜图像，如图2-65所示。

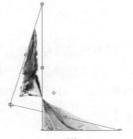

图2-64

图2-65

◆ **透视**：执行【编辑】>【变换】>【透视】菜单命令可以对变换对象应用单点透视。拖曳自由变换框4个角上的控制点，可以在垂直或水平方向上对图像应用透视，如图2-66和图2-67所示。

图2-66

图2-67

◆ **变形**：执行【编辑】>【变换】>【变形】菜单命令可以对图像的局部内容进行扭曲。执行该命令时，图像上将会出现变形网格和锚点，拖曳锚点或调整锚点的方向线可以对图像进行更加自由和灵活的变形处理，如图2-68所示。

图2-68

【操作步骤】

01 按组合键Ctrl+O打开下载资源中的"素材文件>CH02>素材06.jpg、07.psd"文件，如图2-69和图2-70所示。

 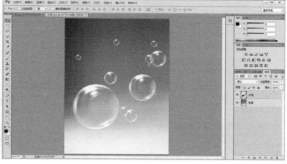

图2-69   图2-70

02 选择【移动工具】 ，选中07.psd文件里的【水泡】图层，然后拖曳到打开的06.jpg文件的操作界面中得到【水泡】图层，如图2-71所示。

拖动到另一个文档窗口

图2-71

03 按组合键Ctrl+T进入自由变换状态，然后向右上方拖曳水泡直到看见定界框时松开鼠标，如图2-72所示，接着将鼠标移动到定界框左下方的直角上，当鼠标变为 图标时按住Shift键等比例缩放图像到合适大小，接着拖曳到画布左下方，最后按Enter键确定变换，如图2-73和图2-74所示。

图2-72

图2-73   图2-74

 TIPS

注意，缩放时按组合键Shift+Alt，可以以中心点为基准点等比例缩放图像。

04 按组合键Ctrl+J复制【水泡】图层得到【水泡副本】图层副本，如图2-75所示，然后执行【编辑】>
【变换】>【水平翻转】菜单命令，如图2-76和图2-77所示。

图2-75　　　　　　　　　　图2-76　　　　　　　　　　图2-77

05 在图像中将
复制的水泡水平
拖曳到画布右下
角，然后执行
【编辑】>【变
换】>【缩放】菜
单命令，接着按
住Shift键缩放图
像，最后按Enter
键确定变换，如
图2-78和图2-79
所示。

图2-78　　　　　　　　　　图2-79

06 按组合键Ctrl+J
复制【水泡副本】图
层得到【水泡副本2】
图层，如图2-80所示；
然后将其拖曳到画布
左侧，接着按组合键
Ctrl+T进入自由变换
状态，如图2-81所示。

图2-80　　　　　　　　　　图2-81

Photoshop CS6 完全自学案例教程（微课版）

34

07 将鼠标移动到定界框外的任意位置，当鼠标变为 ↰ 图标时拖动鼠标进行旋转，然后将鼠标移动到定界框的任意一个直角上，当鼠标变为 ⤢ 图标时按住Shift键缩放对象到合适大小，如图2-82和图2-83所示，接着按Enter键确定变换，最后将对象拖曳到图像中合适位置，如图2-84所示。

图2-82

图2-83

图2-84

【案例总结】

使用组合键Ctrl+T可以对图像进行缩放、旋转、斜切、扭曲、透视等操作。本案例主要介绍了图像的基本变换操作，通过复制多份水泡素材并对其执行【编辑】>【变换】菜单命令进行水平翻转、缩放和移动等操作，最后达到在不同方位装饰图像的效果。

案例 10
内容识别比例变换

素材位置	素材文件 >CH02>08.jpg
实例位置	实例文件 >CH02> 内容识别比例变换 .psd
视频名称	内容识别比例变换 .mp4
技术掌握	掌握内容识别比例变换的方法

（扫码观看视频）

最终效果图

【操作分析】

在Photoshop中对图像进行操作时，通常会根据具体情况对图像进行缩放，但是常规缩放在调整图像大小时会统一影响所有像素，而【内容识别比例变换】菜单命令可以在不更改重要可视内容（如人物、建筑、动物等）的情况下缩放图像大小。

【重要命令】

执行【编辑】>【内容识别比例变换】菜单命令可以在不更改重要可视内容的情况下缩放图像大小，组合键为Alt+Shift+Ctrl+C。

【操作步骤】

01 按组合键Ctrl+O打开下载资源中的"素材文件>CH02>素材08.jpg"文件，如图2-85所示。

02 按Alt键双击【背景】图层的缩略图，如图2-86所示；将其转换为可编辑的【图层0】，如图2-87所示。

TIPS

注意，【背景】图层在默认情况下处于锁定状态，不能对其进行移动和变换操作，必须将其转换为可编辑图层后才能进行下一步操作。

图2-85 　　　　　　　　图2-86 　　　　　　　　图2-87

03 执行【编辑】>【内容识别比例变换】菜单命令，如图2-88所示，进入内容识别比例缩放状态；然后向左拖曳定界框右侧中间的控制点（在缩放过程中可以观察到人物几乎没有发生变化），缩放完成后按Enter键完成操作，如图2-89所示。

04 选择【裁剪工具】，然后向左拖曳右侧中间的控制点，将透明区域裁剪掉，如图2-90所示，确定裁剪区域后按Enter键完成操作，最终效果如图2-91所示。

图2-88 　　　　　　图2-89 　　　　　　　　图2-90 　　　　　　　　图2-91

【案例总结】

执行【编辑】>【内容识别比例变换】菜单命令可以在不更改重要可视内容的情况下缩放图像大小。本案例主要通过执行【内容识别比例变换】命令对图像进行缩放，来讲解该命令可以在不更改重要可视内容的情况下缩小图像，而缩小后留下的透明区域可使用【裁剪工具】裁剪掉。

选区及选区工具

　　顾名思义，选区就是选择区域。在Photoshop中，使用选区工具选择范围是最常用的方法，建立选区后，可对选区内的图像进行编辑操作，而选区外的区域不受任何影响。本章主要讲解Photoshop CS6选区的创建和编辑技巧，通过本章的学习，我们可以快速、准确地绘制出规则与不规则选区，并对选区进行移动、反选、羽化等调整。

本章学习要点

- 选框工具组的运用
- 套索工具组的运用
- 选择工具组的运用
- 选区的编辑

案例 11
矩形选框工具：制作方形人物图片

素材位置	素材文件 >CH03>01.jpg
实例位置	实例文件 >CH03> 制作方形人物图片 .psd
视频名称	制作方形人物图片 .mp4
技术掌握	掌握矩形选框工具的使用方法

（扫码观看视频）

最终效果图

【操作分析】

【矩形选框工具】□可以用来绘制矩形选区和正方形选区，是创建规则选区工具中的一种，创建选区后，我们可以对选区进行移动、复制、羽化等编辑。

【重点工具】

在工具箱中选择【矩形选框工具】□，可以使用该工具建立选区并编辑选区内的像素，其选项栏如图3-1所示。

图3-1

【矩形选框工具】选项介绍

◆ **新选区**□：激活该按钮以后，可以创建一个新选区。如果已经存在选区，那么新创建的选区将替代原来的选区。

◆ **添加到新选区**□：激活该按钮以后，可以将当前创建的选区添加到原来的选区中（按住Shift键也可以实现相同的操作）。

◆ **从选区减去**□：激活该按钮以后，可以将当前创建的选区从原来的选区中减去（按住Alt键也可以实现相同的操作）。

◆ **与选区交叉**□：激活该按钮以后，新建选区时只保留原有选区与新创建的选区相交的部分（按住组合键Alt+Shift也可以实现相同的操作）。

◆ **羽化**：主要用来设置选区的羽化范围。在羽化选区时，如果提醒选区边不可见，是因为所设置的羽化数值过大，以至于任何像素都不大于50%选择，所以Photoshop会弹出一个警告对话框，提示用户羽化后的选区将不可见，但选区仍然存在，如图3-2所示。

Adobe Photoshop CS6
⚠ 警告:任何像素都不大于 50% 选择。选区边将不可见。
确定

图3-2

◆ **消除锯齿**：【矩形选框工具】  的【消除锯齿】选项是不可用的，因为矩形选框没有不平滑效果。只有在使用【椭圆选框工具】 和其他选区工具时，【消除锯齿】选项才可用。由于【消除锯齿】只影响边缘像素，因此不会丢失细节，在剪切、复制和粘贴选区图像时非常有用。

◆ **样式**：用来设置矩形选区的创建方法。当选择【正常】选项时，可以创建任意大小的矩形选区；当选择【固定比例】选项时，可以在右侧的【宽度】和【高度】输入框输入数值，以创建固定比例的选区（例如，设置【宽度】为1、【高度】为2，那么创建出来的矩形选区的高度就是宽度的2倍）；当选择【固定大小】选项时，可以在右侧的【宽度】和【高度】输入框中输入数值，然后单击鼠标左键即可创建一个固定大小的选区（单击【高度和宽度互换】按钮 可以切换【宽度】和【高度】的数值）。

◆ **调整边缘**：单击该按钮可以打开【调整边缘】对话框，在该对话框中可以对选区进行平滑、羽化等处理，如图3-3所示。

图3-3

3

选区及选区工具

💬 **TIPS**

选框工具组的选项栏是相同的，所以以上介绍的选项也适用于其他选框工具。

【**操作步骤**】

01 打开"下载资源"中的"素材文件>CH03>素材01.jpg"文件，然后在【工具栏】中选择【矩形选框工具】 ，并在其选项栏设置【羽化】为16像素，接着在对象上绘制矩形选区，如图3-4所示；最后按组合键Ctrl+J复制选区得到【图层1】，图层如图3-5所示。

图3-4

图3-5

02 选中【图层1】，然后按组合键Ctrl+T进入自由变换状态，接着将鼠标放在定界框的右上直角上，当鼠标变成 图标时，按住Shift键向左下角拖曳鼠标缩小图像，如图3-6和图3-7所示；再将【图层1】向左下角拖曳到合适位置，如图3-8所示。

图3-6

图3-7

图3-8

将鼠标放在定界框外任意位置，这里选择右上角，当鼠标变成↖图标时向下移动鼠标，如图3-9所示；然后按Enter键确定变换，效果如图3-10所示。

图3-9   图3-10

【案例总结】

　　本案例主要是掌握【矩形选框工具】▣的使用方法并用其来制作个性图片，【矩形选框工具】▣可以框选出方形的目标选区，进而对选区进行编辑以达到一定的效果，在制作的过程中需要学会使用组合键复制对象和使用组合键打开自由变换框缩放旋转对象。

课后习题：制作拼图

实例位置	素材文件 >CH03>02.jpg
素材位置	实例文件 >CH03> 制作拼图 .psd
视频名称	制作拼图 .mp4

（扫码观看视频）

最终效果图

　　这是一个制作拼图效果的练习，制作分析如图3-11所示。

　　打开素材图片，然后打开网格和新建参考线，接着使用【矩形选框工具】▣按九宫格的方式框选图片，并复制一份，再将其移动到参考线的位置，最后在【背景】图层上新建一个白色图层后关闭网格和参考线。

图3-11

案例 12
椭圆选框工具：制作椭圆形人物照

素材位置	素材文件 >CH03>03.jpg、04.jpg
实例位置	实例文件 >CH03> 制作椭圆形人物照 .psd
视频名称	制作椭圆形人物照 .mp4
技术掌握	掌握椭圆选框工具的使用方法

（扫码观看视频）

最终效果图

【操作分析】

【椭圆选框工具】◯可以用来绘制椭圆选区和正圆选区，属于规则选区工具。

【重点工具】

在【工具箱】中选择【椭圆选框工具】◯，可使用该工具建立选区并编辑选区内的像素，其选项栏如图3-12所示。

图3-12

【操作步骤】

01 打开"下载资源"中的"素材文件>CH03>素材03.jpg"文件，如图3-13所示。

02 打开"下载资源"中的"素材文件>CH03>素材04.jpg"文件，然后在【工具箱】中选择【椭圆选框工具】◯，接着在对象上绘制椭圆选区，如图3-14所示；最后使用【移动工具】将选区拖曳到【素材03.jpg】文档中得到【图层1】，如图3-15和图3-16所示。

| 图3-13 | 图3-14 | 图3-15 | 图3-16 |

03 选中【图层1】，然后按组合键Ctrl+T进入自由变换状态，接着将鼠标放在定界框的左上直角上，当鼠标变成⤢图标时，按住Shift键向右下角拖曳鼠标缩小图像，如图3-17所示；再将【图层1】拖曳到图像中合适位置，效果如图3-18所示。

图3-17　　　　　　　　　　　图3-18

【案例总结】

　　本案例主要介绍了椭圆形相框照片的制作方法。在案例中使用【椭圆选框工具】◯框选需要的图像部分，然后将其移动到相框内，并使用自由变换框缩放对象到相框大小。

课后习题：
椭圆形动物照

实例位置	素材文件 >CH03>05.jpg
素材位置	实例文件 >CH03> 椭圆形动物照 .psd
视频名称	椭圆形动物照 .mp4

（扫码观看视频）

最终效果图

　　这是一个直接在图像中制作椭圆形动物照的练习，制作分析如图3-19和图3-20所示。

　　打开素材图片，然后使用【椭圆选框工具】◯框选马的身体，接着执行【选择】>【反向】菜单命令，再按Delete键删除选区，最后在打开的【填充】对话框中设置填充图案后裁剪多余背景。

图3-19

图3-20

素材位置	**素材文件 >CH03>06.jpg**
实例位置	**实例文件 >CH03> 随意抠图 .psd**
视频名称	**随意抠图 mp4**
技术掌握	**掌握套索工具的使用方法**

（扫码观看视频）

案例 13
套索工具：随意抠图

最终效果图

选区及选区工具

【操作分析】

　　【套索工具】 可以非常自由地绘制出形状不规则的曲线选区，在工具箱中选择【套索工具】 ，然后在图像上单击并拖动鼠标即可绘制任意的曲线选区，如果光标没有与起点重合，松开鼠标后Photoshop会自动与起点相连成一条直线，形成闭合选区，所以在绘制选区时要注意鼠标的使用。

【重点工具】

　　使用【套索工具】 可以自由绘制选区，其选项栏如图3-21所示。

图3-21

【操作步骤】

01 打开"下载资源"中的"素材文件>CH03>素材06.jpg"文件，如图3-22所示。

图3-22

02 在【工具箱】中选择【套索工具】 ，然后在图像中绘制选区，当绘制完成后，选区会自动闭合呈蚂蚁线状态，如图3-23和图3-24所示。

图3-23　　　　　　　　图3-24

03 按组合键Ctrl+J复制一个图层，图层如图3-25所示；然后隐藏背景图层，最终效果如图3-26所示。

图3-25　　　　　　　　图3-26

 TIPS

在使用【套索工具】 绘制选区时，如果在绘制过程中按住Alt键，松开鼠标左键以后（不松开Alt键），Photoshop会自动切换到【多边形套索工具】 。

【案例总结】

本案例主要针对【套索工具】 的抠图功能来进行练习。在平时的使用中，需要框选部分图像进行编辑时，可以使用该工具，或者对抠取的图像精细度要求不高时，也可以使用该工具，而抠取的图像一般适用于背景颜色相似的图像中。

课后习题：
添加背景装饰物

实例位置	素材文件 >CH03>07jpg、08.jpg
素材位置	实例文件 >CH03> 添加背景装饰物 .psd
视频名称	添加背景装饰物 3.mp4

（扫码观看视频）

最终效果图

这是一个抠取图像合并成图片的练习，制作分析如图3-27所示。

打开素材，然后使用【套索工具】 绘制选区，绘制完成后选中选区，将其拖曳到另外一张素材的操作界面中，并调整到合适位置。

图3-27

案例14
多边形套索工具：抠取首饰盒

素材位置	素材文件 >CH03>09.jpg
实例位置	实例文件 >CH03> 抠取首饰盒 .psd
视频名称	抠取首饰盒 .mp4
技术掌握	掌握多边形套索工具的使用方法

（扫码观看视频）

最终效果图

【操作分析】

  【多边形套索工具】 与【套索工具】 使用方法类似，【多边形套索工具】 适合于创建一些转角比较强烈的选区。使用【多边形套索工具】 绘制选区时，应先在图像中单击鼠标定位起点，再进行绘制，绘制中遇见转角需要再次单击鼠标左键。

【重点工具】

  使用【多边形套索工具】 可以通过鼠标连续单击绘制一个多边形选区，如三角形、四边形、五角星等区域。在【工具箱】中选择【多边形套索工具】 ，该工具选项栏与【套索工具】 的相同。

45

【操作步骤】

01 打开"下载资源"中的"素材文件>CH03>素材09.jpg"文件，如图3-28所示。

02 在【工具箱】中选择【多边形套索工具】 🔩，然后在其选项栏选中【新选区】、设置【羽化】为5 像素，勾选【消除锯齿】，如图3-29所示；接着在图像中绘制选区，如图3-30所示；当绘制完成，选区 会自动呈蚂蚁线状态，如图3-31所示。

图3-28

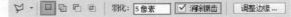

图3-29

图3-30

图3-31

03 按组合键Ctrl+J复制一个图层，图层如 图3-32所示；然后隐藏背景图层，最终效果 如图3-33所示。

● TIPS

在使用【多边形套索工具】 🔩绘制选区时按 住Shift键，可以在水平方向、垂直方向或45°方 向上绘制直线。另外，按Delete键可以删除最近绘 制的直线。

图3-32

图3-33

【案例总结】

　　【多边形套索工具】 🔩的使用方法简单、易掌握，在对图像进行抠图处理时经常使用，它很适合于 抠取棱角分明的物体。

课后习题：
更换窗景

实例位置	素材文件 >CH03>10jpg、11.jpg
素材位置	实例文件 >CH03> 更换窗景 .psd
视频名称	更换窗景 .mp4

（扫码观看视频）

这是一个更换落地窗外景色的练习，制作分析如图3-34和图3-35所示。

打开素材图片，然后使用【多边形套索工具】☑框选落地窗窗外的景色，再按组合键Shift+Ctrl+I进行【反向】选择，接着复制选区并隐藏背景图层，最后将另外一张素材图片拖曳到复制图层的下一层。

最终效果图

图3-34

图3-35

案例 15
磁性套索工具：抠取白色花朵

素材位置	素材文件 >CH03>12.jpg
实例位置	实例文件 >CH03> 抠取白色花朵 .psd
视频名称	抠取白色花朵 .mp4
技术掌握	掌握磁性套索工具的使用方法

（扫码观看视频）

【操作分析】

【磁性套索工具】☑是一种自动识别边缘的套索工具，可以自动识别对象的边界，特别适合于快速选择与背景对比强烈且边缘复杂的对象。

最终效果图

【重点工具】

使用【磁性套索工具】☑可以自动识别对象的边界绘制选区，其选项栏如图3-36所示。

图3-36

47

【磁性套索工具】选项介绍

◆ **宽度**：【宽度】可以设置捕捉对象的范围。【宽度】值决定了以光标中心为基准，光标周围有多少个像素能够被【磁性套索工具】🖾检测到，如果对象的边缘比较清晰，可以设置较大的值；如果对象的边缘比较模糊，可以设置较小的值。

◆ **对比度**：该选项主要用来设置【磁性套索工具】🖾感应对象边缘的灵敏度，如果对象的边缘比较清晰，可以将该值设置得高一些；如果对象的边缘比较模糊，可以将该值设置得低一些。

◆ **频率**：在使用【磁性套索工具】🖾绘制选区时，Photoshop会自动生成很多锚点，【频率】选项就是用来设置锚点的数量。数值越高，生成的锚点越多，捕捉到的边缘越准确，但是可能会造成选区不够平滑。

◆ **使用绘图板压力以更改钢笔宽度**🖊：如果计算机配有数位板和压感笔，可以激活该按钮，Photoshop会根据压感笔的压力自动调节【磁性套索工具】🖾的检测范围。

【操作步骤】

01 打开"下载资源"中的"素材文件>CH03>素材12.jpg"文件，如图3-37所示。

02 在【工具箱】中选择【磁性套索工具】🖾，然后在其选项栏中选中【新选区】，设置【羽化】为5像素，勾选【消除锯齿】选项，接着设置【宽度】为10像素、【对比度】为10%、【频率】为57，并单击【使用绘图板压力以更改钢笔宽度】🖊按钮，如图3-38所示；然后沿着花朵的边缘绘制选区，当绘制完成后，选区会自动闭合呈蚂蚁线状态，如图3-39和图3-40所示。

图3-37

图3-38

图3-39

图3-40

> **TIPS**
>
> 注意：在使用【磁性套索工具】🖾绘制选区时，当起始点和终点重合的时候，光标右下侧会出现一个小圆圈🔘，此时它代表着图形可以形成一个完整的封闭图形。

03 按组合键Ctrl+J复制选区得到【图层1】，图层如图3-41所示；然后隐藏背景图层，最终效果如图3-42所示。

图3-41

图3-42

> **TIPS**
>
> （1）在使用【磁性套索工具】🖾时，套索边界会自动对齐对象的边缘，当绘制完比较复杂的边界时，还可以按住Alt键切换到【多边形套索工具】🔽，以绘制转角比较强烈的边缘。
>
> （2）在使用【磁性套索工具】🖾绘制选区时，按CapsLock键后光标会变成⊕形状，图形的大小就是该工具能够检测到的边缘宽度。另外，按↑键和↓键可以调整检测宽度。

【案例总结】

　　本案例主要针对【磁性套索工具】 ![icon] 的使用特点来快速抠取图像。通常情况下，如果所抠图像与背景对比强烈，那么就可以使用该工具抠图，在绘制选区时需要注意的是，如果绘制的路线偏离了原本的轨迹，只需在图像与背景的边缘处单击鼠标即可。

课后习题： 抠取蛋糕合成图片	实例位置	实例文件 >CH03> 抠取蛋糕合成图片 .psd
	素材位置	素材文件 >CH03>13.jpg、14.jpg
	视频名称	抠取蛋糕合成图片 .mp4

（扫码观看视频）

最终效果图

　　这是一个抠取蛋糕合成图片的练习，制作分析如图3-43所示。

　　打开素材图片，然后使用【磁性套索工具】 ![icon] 为蛋糕绘制选区，接着将选区中的蛋糕拖曳到另外一张素材图片的操作界面中，并调整到合适位置。

图3-43

案例16 快速选择工具：抠取红色花朵	素材位置	素材文件 >CH03>15.jpg
	实例位置	实例文件 >CH03> 抠取红色花朵 .psd
	视频名称	抠取红色花朵 .mp4
	技术掌握	掌握快速选择工具的使用方法

（扫码观看视频）

最终效果图

【操作分析】

使用【快速选择工具】☑可以利用可调整的圆形笔尖迅速的绘制出选区，当拖曳笔尖时，选区范围不仅会向外扩张，而且还可以自动寻找并沿着图像的边缘来描绘边界。

【重点工具】

使用【快速选择工具】☑可以迅速绘制出选区，其选项栏如图3-44所示。

图3-44

选项栏参数详解

◆ 新选区☑：激活该按钮，可以创建一个新选区。

◆ 添加到选区☑：激活该按钮，可以在原有选区的基础上添加新创建的选区。

◆ 从选区减去☑：激活该按钮，可以在原有选区的基础上减去当前绘制的选区。

◆ 画笔选择器：单击⊡按钮，可以在打开的【画笔】选择器中设置画笔的【大小】、【硬度】、【间距】、【角度】及【圆度】，如图3-45所示。在绘制选区的过程中，可以按[键和]键增大或减小画笔的大小。

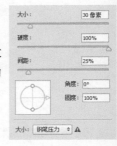

图3-45

【操作步骤】

01 打开"下载资源"中的"素材文件>CH03>素材15.jpg"文件，如图3-46所示。

02 在【工具箱】中选择【快速选择工具】☑，然后在图像中绘制选区，绘制完成后，选区会自动闭合呈蚂蚁线状态，如图3-47和图3-48所示。

图3-46　　　　　　　　　　图3-47　　　　　　　　　　图3-48

03 按组合键Ctrl+J将选区复制一份，然后隐藏【背景】图层，图层如图3-49所示，最终效果如图3-50所示。

图3-49　　　　　　　　　　图3-50

【案例总结】

使用【快速选择工具】☑来建立选区在Photoshop的操作中是非常常见的。本案例主要针对【快速选择工具】☑快速选择图像的特点来抠取图像，使抠图变得更加快速和便捷。

实例位置	实例文件 >CH03> 为毛绒玩具更换背景 .psd	
素材位置	素材文件 >CH03>16.jpg、17.jpg	
视频名称	为毛绒玩具更换背景 .mp4	

课后习题：
为毛绒玩具更换背景

（扫码观看视频）

最终效果图

这是一个抠取布娃娃合成图片的练习，制作分析如图3-51所示。

打开素材图片，然后使用【快速选择工具】 为布娃娃绘制选区，接着将选中的布娃娃拖曳到另外一张素材图片的操作界面中，并调整到合适位置。

图3-51

3

选区及选区工具

案例 17
魔棒工具：合成人物风景照

素材位置	素材文件 >CH03>18.jpg、19.jpg	
实例位置	实例文件 >CH03> 合成人物风景照 .psd	
视频名称	合成人物成风景照 .mp4	
技术掌握	掌握魔棒工具的使用方法	

（扫码观看视频）

最终效果图

【操作分析】

　　【魔棒工具】🔧是一种比较智能化的选区工具，使用【魔棒工具】🔧可以选择图像内色彩相同或者相近的区域，在实际工作中的使用频率相当高。使用【魔棒工具】🔧还可以指定该工具的色彩范围或容差，从而获得所需的选区。

【重点工具】

　　使用【魔棒工具】🔧可以通过调节容差值来选择区域，其选项栏如图3-52所示。

图3-52

【魔棒工具】选项介绍

◆　**取样大小**：用于设置【魔棒工具】🔧的取样范围。选择【取样点】选项，可以对光标单击位置的像素进行取样；选择"3×3平均"选项，可以对光标单击位置3个像素区域内的平均颜色进行取样，其他的选项也是如此。

◆　**容差**：决定所选像素之间的相似性或差异性，其取值范围为0~255。数值越低，对像素的相似程度的要求越高，所选的颜色范围就越小；数值越高，对像素的相似程度的要求越低，所选的颜色范围就越广。

◆　**连续**：当勾选该选项时，只选择颜色链接的区域；当关闭该选项时，可以选择与所选像素颜色接近的所有区域，当然也包含没有链接的区域。

◆　**对所有图层取样**：如果文档中包含多个图层，当勾选该选项时，可以选择所有可见图层上颜色相近的区域；当关闭该选项时，仅选择当前图层上颜色相近的区域。

【操作步骤】

图3-53

01 打开"下载资源"中的"素材文件>CH03>素材18.jpg"文件，如图3-53所示。

02 打开"下载资源"中的"素材文件>CH03>素材19.jpg"文件，如图3-54所示，然后在【工具箱】中选择【魔棒工具】🔧，并在其选项栏设置【容差】为20，勾选【消除锯齿】和【连续】选项，如图3-55所示，接着在照片的白色背景处单击鼠标左键，选中背景区域，如图3-56所示。

图3-54

图3-55

图3-56

03 按组合键Shift+Ctrl+I反向选择图像，如图3-57所示；然后使用【移动工具】🔼将选中的人像拖曳到【素材18.jpg】操作界面中，得到【图层1】，并按组合键Ctrl+T进入自由变换状态，将图像调整到合适大小，接着按Enter键确定变换，如图3-58所示。

图3-57　　　　　　　　　　　　　　　　图3-58

04 按住Ctrl键单击【图层1】的缩略图，将人像载入选区，如图3-59所示；然后执行【选择】>【修改】>【羽化】菜单命令，接着在打开的【羽化选区】对话框中设置【羽化半径】为3像素，如图3-60所示，最后单击【确定】 确定 按钮。

图3-60

图3-59

3

选区及选区工具

按组合键Ctrl+J复制【图层1】得到【图层2】，然后隐藏【图层1】，图层如图3-61所示，最终效果如图3-62所示。

图3-61   图3-62

【案例总结】

  【魔棒工具】是Photoshop最常用的工具之一，本案例主要是针对【魔棒工具】的使用方法而进行的练习，使用【魔棒工具】抠图并制作合成新图像，但在抠图时要注意容差值的设置，另外，合理地使用【羽化】功能可以使图像更自然。

课后习题：合成热气球图	实例位置	实例文件 >CH03> 合成热气球图 .psd
	素材位置	素材文件 >CH03>20.jpg~22.jpg
	视频名称	合成热气球图 .mp4

（扫码观看视频）

最终效果图

  这是一个抠取热气球合并成背景的练习，制作分析如图3-63和图3-64所示。

  第1步：打开热气球素材图片，并将其解锁，然后使用【魔棒工具】选中图片的白色背景并将其删除，接着将热气球拖曳到之前打开的素材图片文档操作界面中，最后调整其大小和位置。

  第2步：打开另外一张热气球素材图片，并将其解锁，然后使用【魔棒工具】选中图片的白色背景并将其删除，接着将热气球拖曳到之前打开的背景文档操作界面中，最后调整其大小和位置。

图3-63

图3-64

素材位置	素材文件 >CH03>23.png、24.jpg、25.png~27.png	
实例位置	实例文件 >CH03> 制作中秋节日书签 .psd	
视频名称	制作中秋节日书签 .mp4	
技术掌握	掌握编辑选区的方法	

案例 18
编辑选区：制作中秋节日书签

（扫码观看视频）

最终效果图

【 操作分析 】

　　使用选框工具、套索工具等其他选区工具创建出选区以后，可以对选区进行编辑，包括移动选区、反向选择、边界选区、平滑选区、扩展选区、收缩选区、羽化选区、扩大选取选区、变换选区、存储选区和载入选区等。除了移动选区，其他对选区的编辑都可以在【选择】菜单下的子菜单中找到，另外边界选区、扩展选区、收缩选区、平滑选区、羽化选区这5项操作均在【选择】>【修改】菜单命令下。该书签的制作分为背景图片和素材图片，有些素材可以直接使用，而有些素材需要编辑后才能使用，特别是靠近图像背景边缘的素材图片，需要在素材上创建选区后进行相应的编辑。

【重要命令】

（1）移动选区

创建选区，如图3-65所示，将光标放在选区内，可以自由便捷地移动图像内的选区边框，如图3-66所示。要移动选区的图像，可以选择工具箱中的【移动工具】▶⊕，然后将鼠标放在选区边框上拖动，使其移动到图像中的另一个位置，如图3-67所示。

图3-65   图3-66   图3-67

TIPS

可以使用以下3种方法控制选区边框的移动范围。
- 按住Shift键可以使移动选区的角度为45的倍数。
- 按上下左右箭头键，可以使选区按1像素的增量来移动。
- 按住Shift键按上下左右箭头键，可以使选区按10像素的增量来移动。

（2）全选与反选选区

执行【选择】>【全部】菜单命令或按组合键Ctrl+A，可以选择当前文档边界内的所有图像，如图3-68所示；【反向】命令用于选择已选区域以外的区域，创建选区，如图3-69所示；执行【选择】>【反向】菜单命令或按组合键Shift+Ctrl+I，即可选择反向区域，如图3-70所示。

图3-68   图3-69   图3-70

TIPS

在已创建好的选区上，执行【选择】>【取消选择】菜单命令或按组合键Ctrl+D，可以取消选区状态。如果要恢复被取消的选区，可以执行【选择】>【重新选择】菜单命令。

（3）创建边界选区

创建选区，如图3-71所示，执行【编辑】>【修改】>【边界】菜单命令，可以在打开的【边界选区】对话框中将选区的边界向外进行扩展；扩展后的选区边界将与原来的选区边界形成新的选区，如图3-72所示。

图3-71   图3-72

56

（4）平滑选区

【平滑】命令可以将选区变得连续且平滑，一般用于修整使用套索工具建立的选区。创建选区，如图3-73所示；执行【选择】>【修改】>【平滑】菜单命令，可以在打开的【平滑选区】对话框中将选区进行平滑处理，如图3-74所示。

图3-73

图3-74

（5）扩展选区与收缩选区

创建选区，如图3-75所示。执行【选择】>【修改】>【扩展】菜单命令，可以在打开的【扩展选区】对话框中将选区向外进行扩展，如图3-76所示。

收缩选区的效果和扩展选区的效果刚好相反，该命令的功能可以使选区内容得以减少。如果要向内收缩选区，执行【选择】>【修改】>【收缩】菜单命令，可以在打开的【收缩选区】对话框中设置【收缩量】，如图3-77所示。

图3-75

图3-76

图3-77

（6）羽化选区

羽化选区通过建立选区和选区周围像素之间的转换边界来模糊边缘，这种模糊方式将丢失选区边缘的一些细节。创建选区，如图3-78所示。执行【选择】>【修改】>【羽化】菜单命令或按组合键Shift+F6，然后在打开的【羽化选区】对话框中设置【羽化半径】，如图3-79所示。

图3-78

图3-79

（7）扩大选取

【扩大选取】命令可以增加选区内的内容，它是基于【魔棒工具】选项栏中指定的【容差】范围来决定选区的扩展范围。创建选区，如图3-80所示。执行【选择】>【扩大选区】菜单命令，Photoshop会查找并选择那些与当前选区中像素色调相近的像素，从而扩大选择区域，如图3-81所示。

图3-80

图3-81

（8）选取相似

【选取相似】命令与【扩大选取】命令相似，都是基于【魔棒工具】选项栏中指定的【容差】范围来决定选区的扩展范围。创建选区，如图3-82所示。执行【选择】>【选取相似】菜单命令，Photoshop同样会查找并选择那些与当前选区中像素色调相似的像素，从而扩大选择区域，如图3-83所示。

图3-82　　　　　　　　　　　图3-83

（9）变换选区

【变换选区】命令与对图像执行的【编辑】>【自由变换】菜单命令的使用方法和作用是相同的。创建选区，如图3-84所示。执行【选择】>【变换选区】菜单命令或按组合键Alt+S+T，可以对选区进行移动、缩放、旋转、扭曲和翻转等操作，图3-85~图3-87所示分别为移动、缩放和旋转选区。

图3-84　　　　　　　　　　　图3-85

 TIPS

在缩放选区时，按住Shift键可以等比例缩放选区；按住组合键Shift+Alt可以以中心点为基准点等比例缩放选区。

图3-86　　　　　　　　　　　图3-87

(10)存储载入选区

用Photoshop处理图像时，有时需要将已经创建好的选区存储起来，以便在需要的时候通过载入选区的方式将其快速载入图像中继续使用，这时就需要存储与载入选区了。创建选区，如图3-88所示。执行【选择】>【存储选区】菜单命令，可以打开【存储选区】对话框，如图3-89所示，在该对话框中设置好所需参数后单击【确定】按钮即可完成存储。或在【通道】面板中单击【将选区存储为通道】按钮，可以将选区存储为Alpha通道蒙版，如图3-90所示。

图3-88　　　　　　　　　　　图3-89　　　　　　　　　　　图3-90

【存储选区】对话框选项介绍

◆ **文档**：用于选择存储选区的文件，默认为当前文件；也可选择【新建】选项新建一个文档。

◆ **通道**：选择将选区保存到一个新建的通道中，或保存到其他Alpha通道中。

◆ **名称**：用于设置新通道的名称，该选项在从【通道】下拉列表框中选择【新建】选项后才有效。

◆ **操作**：选择选区运算的操作方式，包括4种方式。【新建通道】是将当前选区存储在新通道中；【添加到通道】是将选区添加到目标通道的现有选区中；【从通道中减去】是从目标通道中现有的选区中减去当前选区；【与通道选区交叉】是从与当前选区和目标通道中的现有选区交叉的区域中存储一个选区。

存储后的选区将成为一个蒙版保存在通道中，需要时再从通道中载入。编辑图像时，蒙版能隔离和保护图像的其他区域，当选择图像的一部分时，没有被选择的区域会被保护起来而不被编辑。蒙版可将复杂的选区存储在Alpha通道中，重新使用时，可以将Alpha通道转换为选区，然后用于图像编辑。对选区进行羽化操作时，只能看到用虚线框框出的选区的轮廓，而用蒙版则可以看到羽化和半透明的区域。

执行【选择】>【载入选区】菜单命令，可以打开【载入选区】对话框，如图3-91所示。然后在该对话框中设置好所需参数后单击【确定】按钮 确定 ，或在【通道】面板中按住Ctrl键，单击存储选区的通道蒙版缩略图，即可完成对选区的载入。

图3-91

【载入选区】对话框选项介绍

◆ **文档**：选择包含选区的目标文件。

◆ **通道**：选择包含选区的通道。

◆ **反相**：勾选该选项以后，可以将选区反选，相当于载入选区后执行【选择】>【反向】菜单命令。

◆ **操作**：选择选区运算的操作方式，包括4种方式。【新建选区】是用新载入的选区代替当前选区；【添加到选区】是将新载入的选区添加到当前选区；【从选区中减去】是从当前选区中减去新载入的选区；【与选区交叉】可以得到载入的新选区与当前选区交叉的区域。

📵 **TIPS**

如果要载入单个图层的选区，按住Ctrl键单击该图层的缩略图即可。

【操作步骤】

01 按组合键Ctrl+N新建一个文档，具体参数如图3-92所示；然后打开"下载资源"中的"素材文件>CH03>素材23.png"文件，接着将其拖曳到当前文档的操作界面中，得到【图层1】，如图3-93所示。

图3-92

图3-93

02 打开"下载资源"中的"素材文件>CH03>素材24.jpg"文件，然后将其拖曳到当前文档的操作界面中，得到【图层2】，如图3-94所示。

图3-94

03 使用【魔棒工具】![魔棒工具图标] 单击【图层2】的白色背景处，将背景全部选中，如图3-95所示。然后按组合键Shift+Ctrl+I反向选择选区，如图3-96所示。

图3-95   图3-96

04 执行【选择】>【修改】>【收缩】菜单命令，然后在打开的【收缩选区】对话框中设置【收缩量】为2像素，设置如图3-97所示，效果如图3-98所示。

图3-97

图3-98

TIPS

上述操作中对选区执行【收缩】命令，是为了在删除选区后，图像不会留下白色的锯齿边。

05 按组合键Shift+Ctrl+I反向选择选区，然后按Delete键删除选区，如图3-99所示。接着按组合键Ctrl+D取消选择，然后调整图像大小并拖曳到画布底部，如图3-100所示。

图3-99

图3-100

06 继续选中【图层2】，然后按Ctrl键单击【图层1】缩略图载入圆形选区，如图3-101所示；接着按组合键Shift+Ctrl+I反向选择选区，如图3-102所示。

图3-101

图3-102

07 按Delete键删除选区，然后按组合键Ctrl+D取消选择，如图3-103所示；接着按住Shift键使用【椭圆选框工具】在【图层1】顶端绘制一个圆，如图3-104所示。

图3-103

图3-104

3

选区及选区工具

61

08 按Delete键删除选区，然后按组合键Ctrl+D取消选择，如图3-105所示；接着打开"下载资源"中的"素材文件>CH03>素材25png~27.png"文件，再将其拖曳到当前文档中的合适位置处，最终效果如图3-106所示。

图3-105   图3-106

【案例总结】

通过本案例的讲解，读者应该对选区有一个比较深刻的认识，还应该熟悉选区的基本操作，案例中首先使用工具创建选区，然后对其进行反向选择、收缩、删除等编辑，在编辑选区时，应该合理利用组合键来提高操作的效率。

绘画和图像修饰

本章介绍Photoshop CS6的绘画和图像修饰的相关知识，尤其是绘画工具的使用。使用Photoshop的绘制工具，不仅能够绘制出传统意义上的插画，而且还能自定义画笔，绘制出各种纹理的图像，同时也能轻松地将带有缺陷的照片进行美化处理。在学习中一定要结合课堂案例及课后习题，熟悉各个绘画工具的具体使用方法，这样才能为学习后面的知识打下坚实的基础。

本章学习要点

- 颜色的设置
- 画笔面板及画笔工具组的运用
- 图像修复工具组的运用
- 图像擦除工具组的运用
- 图像润饰工具组的运用
- 填充工具组的运用

案例19
颜色的设置：为图片更换背景颜色

素材位置	素材文件 >CH04>01.jpg
实例位置	实例文件 >CH04> 为图片更换背景颜色 .psd
视频名称	为图片更换背景颜色 .mp4
技术掌握	掌握颜色设置的方法

（扫码观看视频）

最终效果图

【操作分析】

任何图像都离不开颜色，使用Photoshop的画笔、文字、渐变、填充、蒙版、描边等工具修饰图像时，都需要设置相应的颜色。在Photoshop中提供了很多种选取颜色的方法。

【重要参数】

（1）前景色和背景色

在Photoshop【工具箱】的底部有一组前景色和背景色设置按钮。在默认情况下，前景色为黑色，背景色为白色，如图4-1所示。

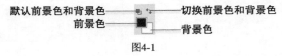

默认前景色和背景色——————切换前景色和背景色
前景色——————背景色

图4-1

前/背景色设置工具介绍

◆ 前景色：单击前景色图标，可以在打开的【拾色器（前景色）】对话框中选取一种颜色作为前景色，如图4-2所示。

◆ 背景色：单击背景色图标，可以在打开的【拾色器（背景色）】对话框中选取一种颜色作为背景色，如图4-3所示。

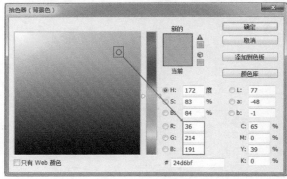

图4-2   图4-3

◆ **切换前景色和背景色**：单击【切换前景色和背景色图标】图标 ，可以切换所设置的前景色和背景色（快捷键为X），如图4-4所示。

◆ **默认前景色和背景色**：单击【默认前景色和背景色】图标 ，可以恢复默认的前景色和背景色（快捷键为D），如图4-5所示。

图4-4　　　　图4-5

在Photoshop中，只要设置颜色几乎都需要使用到拾色器，如图4-6所示，在拾色器中，可以选择用HSB、RGB、Lab和CMYK颜色模式来指定颜色。

前景色通常用于绘制图像、填充和描边选区等；背景色常用于生成渐变填充和填充图像中已抹除的区域。

一些特殊滤镜也需要使用前景色和背景色，例如【纤维】滤镜和【云彩】滤镜等。

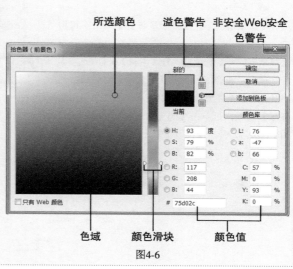

图4-6

（2）用吸管工具选取颜色

使用【吸管工具】 可以在打开图像的任何位置采集色样来作为前景色和背景色（按住Alt键可以吸取背景色），如图4-7和图4-8所示，其选项栏如图4-9所示。

图4-7　　　　　　　　　　图4-8

图4-9

吸管工具选项介绍

◆ **取样大小**：设置吸管取样范围的大小。选择【取样点】选项时，可以选择像素的精确颜色；选择【3×3平均】选项时，可以选择所在位置3像素区域以内的平均颜色；选择【5×5平均】选项时，可以选择所在位置5像素区域以内的平均颜色。其他选项依次类推。

◆ **样本**：可以从【当前图层】【当前和下方图层】【所有图层】【所有物调整图层】和【当前和下一个无调整图层】中采集颜色。

4

绘画和图像修饰

65

◆ **显示取样环**：勾选该选项以后，可以在拾取颜色时显示取样环，如图4-10所示。

图4-10

⊜ TIPS

在默认情况下，【显示取样环】处于不可用状态，需要启用【使用图形处理器】功能才能勾选【显示取样环】选项。执行【编辑】>【首选项】>【性能】菜单命令，打开【首选项】对话框，然后在【图形处理器设置】选项组下勾选【使用图像处理器】选项，再单击【确定】按钮 确定 ，如图4-11所示。开启【使用图像处理器】功能后，重启Photoshop就可以勾选【显示取样环】选项了。

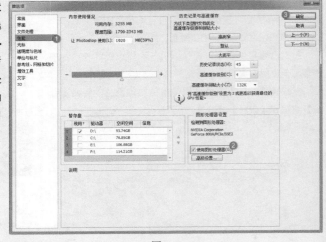

图4-11

【操作步骤】

⓪1 打开"下载资源"中的"素材文件>CH04>素材01.jpg"文件，如图4-12所示。

⓪2 按住Alt键双击【图层】面板中的【背景】图层缩略图，将其转变成可编辑的普通图层【图层0】，如图4-13和图4-14所示。

图4-12

图4-13

图4-14

⓪3 选择【魔棒工具】，然后在其选项栏选中【新选区】，设置【容差】为15，勾选【消除锯齿】和【连续】，如图4-15所示；接着单击图像中的白色背景将其全部选中，如图4-16所示。

图4-15

图4-16

04 单击前景色图标，然后在打开的【拾色器（前景色）】对话框中设置前景色为（C：26，M：0，Y：0，K：0），如图4-17所示；接着按组合键Alt+Delete填充前景色，再按组合键Ctrl+D取消选择，最终效果如图4-18所示。

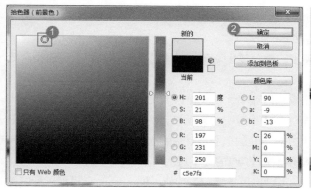

图4-17 图4-18

【案例总结】

　　本案例主要是讲解如何使用【吸管工具】✎设置图像的前景色和背景色的练习，同时结合使用【魔棒工具】✎选中图像的背景，然后为其更换背景颜色。

案例 20
画笔工具：制作白云

素材位置	素材文件 >CH04>02.jpg
实例位置	实例文件 >CH04> 制作白云 .psd
视频名称	制作白云 .mp4
技术掌握	掌握画笔工具的使用方法

（扫码观看视频）

最终效果图

【操作分析】

　　使用Photoshop的绘制工具，不仅能够绘制出传统意义上的插画，也能够对数码相片进行美化处理，同时还能够对数码相片制作各种特效。绘图是制作图像的基础，绘图的基本工具是【画笔工具】✎和【铅笔工具】✎，【画笔工具】✎用于创建图像内柔和的色彩或黑白线条，此外还可以使用形状绘制工具来绘制各种形状。

【重点工具及参数】

　　【画笔工具】✎与毛笔比较相似，可以使用前景色绘制出各种线条，同时也可以利用它来修改通道和蒙版，是使用频率最高的工具之一，其选项栏如图4-19所示。

图4-19

【画笔工具】选项介绍

◆ **画笔预设选取器**：单击▯图标，可以打开【画笔预设】选取器，在这里可以选择笔尖形状，设置画笔的【大小】和【硬度】。

◆ **切换画笔面板**▯：单击该按钮，可以打开【画笔】面板。

◆ **模式**：设置绘画颜色与下面现有像素的混合方法。

◆ **不透明度**：设置画笔绘制出来的颜色的不透明度。数值越大，笔迹的不透明度越高；数值越小，笔迹的不透明度越低。

◆ **流量**：设置当将光标移到某个区域上方时应用颜色的速率。在某个区域上方进行绘画时，如果一直按住鼠标左键，颜色量将根据流动速率增大，直至达到【不透明度】设置。例如，如果将【不透明度】和【流量】都设置为10%，则每次移到某个区域上方时，其颜色会以10%的比例接近画笔颜色。除非释放鼠标左键并再次在该区域上方绘画，否则总量将不会超过10%的【不透明度】。

◆ **启用喷枪样式的建立效果**▯：激活该按钮以后，可以启用【喷枪】功能，Photoshop会根据鼠标左键的单击程度来确定画笔笔迹的填充数量。例如，关闭【喷枪】功能时，每单击一次会绘制一个笔迹，而启用【喷枪】功能以后，按住鼠标左键不放，即可持续绘制笔迹。

> ⬤ **TIPS**
>
> 由于【画笔工具】▯非常重要，这里总结一下在使用该工具绘画时的5点技巧。
>
> 第1点：在英文输入法状态下，可以按[键和]键来减小或增大画笔笔尖的【大小】值。
>
> 第2点：按组合键Shift+[和Shift+]可以减小和增大画笔的【硬度】值。
>
> 第3点：按数字键1~9来快速调整画笔的【不透明度】，数字1~9分别代表10%~90%的【不透明度】。如果要设置100%的【不透明度】，可以直接按0键。
>
> 第4点：按住Shift+1~9的数字键可以快速设置【流量】值。
>
> 第5点：按住Shift键可以绘制出水平、垂直的直线，或是以45°为增量的直线。

◆ **始终对大小使用压力**▯：使用压感笔压力可以覆盖【画笔】面板中的【不透明度】和【大小】设置。

> ⬤ **TIPS**
>
> 如果使用数位板绘画，则可以在【画笔】面板和选项栏通过设置【钢笔压力】、【角度】、【旋转】或【光笔轮】来控制应用颜色的方式。

在认识其他绘制工具及修饰工具之前，首先需要掌握【画笔】面板。【画笔】面板是最重要的画板之一，它可以设置绘画工具、修饰工具的笔刷种类、画笔大小和硬度等属性。

打开【画笔】面板的方法主要有以下4种。

第1种：在【工具箱】中选择【画笔工具】▯，然后在其选项栏单击【切换画笔面板】按钮▯。

第2种：执行【窗口】>【画笔】菜单命令。

第3种：直接按F5键。

第4种：在【画板预设】面板中单击【切换画笔面板】按钮▯。

打开【画笔】面板，如图4-20所示。

【画笔】面板选项介绍

◆ **画笔预设** ▯：单击该按钮，可以打开【画笔预设】面板。

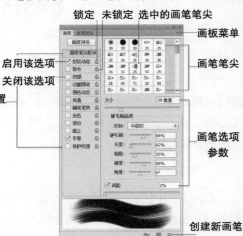

图4-20

◆ **画笔设置**：单击这些画笔设置选项，可以切换到与该选项相对应的面板。

◆ **启用/关闭选项**：处于勾选状态的选项代表其使用状态；处于未勾选状态的选项代表关闭状态。

◆ **锁定🔒/未锁定🔓**：🔒图标代表该选项处于锁定状态；🔓图标代表该选项处于未锁定状态。锁定与解锁操作可以相互切换。

◆ **选中的画笔笔尖**：显示处于选择状态的画笔笔尖。

◆ **画笔笔尖**：显示Photoshop提供的预设画笔笔尖。

◆ **面板菜单**：单击⊟图标，可以打开【画笔】面板菜单。

◆ **画笔选项参数**：用来设置画笔的相关参数。

◆ **画笔描边预览**：选择一个画笔以后，可以在预览框中预览该画笔的外观形状。

◆ **切换实时笔尖画笔预览 ✑**：使用毛刷笔尖时，在画布中实时显示笔尖的形状。

◆ **打开预设管理器 ▦**：单击该按钮，可以打开【预设管理器】对话框。

◆ **创建新画笔 ◻**：将当前设置的画笔保存为一个新的预设画笔。

【**操作步骤**】

01 打开"下载资源"中的"素材文件>CH04>素材02.jpg"文件，如图4-21所示。

02 按组合键Shift+Ctrl+N在【背景】图层上新建一个空白【图层1】，然后选择【画笔工具】✎，接着在其选项栏中单击【切换画笔面板】按钮▦打开【画笔】面板，接着在面板中设置【画笔笔尖形状】为柔角100、【大小】为100像素、【间距】为25%，如图4-22所示。

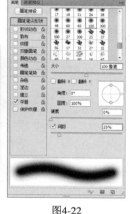

图4-21   图4-22

03 勾选【形状动态】选项，设置【大小抖动】为100%、【控制】为【钢笔压力】、【最小直径】为20%、【角度抖动】为20%，如图4-23所示；然后勾选【散布】选项，设置【两轴】为120%、【数量】为5、【数量抖动】为100%，如图4-24所示。

04 勾选【纹理】选项，设置【图案】为【云彩（128×128像素，灰度模式）】、【缩放】为100%、【模式】为【颜色加深】、【深度】为100%，如图4-25所示；然后勾选【传递】选项，设置【流量抖动】为50%、【控制】为【钢笔压力】、【最小】为20%，如图4-26所示。

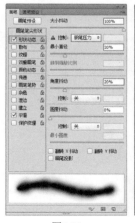

图4-23

图4-24

图4-25

图4-26

05 将鼠标移动到画布上，然后按住鼠标左键拖曳鼠标绘制白云图案，如图4-27所示，最终效果如图4-28所示。

图4-27   图4-28

【案例总结】

　　本案例主要是通过在【画笔】面板中设置画笔的相关参数，然后使用【画笔工具】 ✐在画布中绘制白云，在绘图时要注意绘制物的特征，这样完成后的图像才能更逼真。

课后习题：制作漫天雪花	实例位置	实例文件 >CH05> 制作漫天雪花 .psd	
	素材位置	素材文件 >CH05>03.jpg	
	视频名称	制作漫天雪花 .mp4	（扫码观看视频）

最终效果图

　　这是一个制作雪花纷飞的练习，制作思路如图4-29所示。

　　打开素材图片，然后新建一个空白图层【雪花】，接着选择【画笔工具】 ✐，并在【画笔】面板中设置参数，再在图像上进行涂抹，最后降低【雪花】图层的透明度，使其更自然。

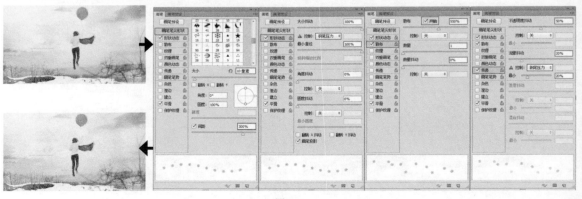

图4-29

案例 21
颜色替换工具：为人物裙子更换颜色

素材位置	素材文件 >CH05>04.jpg
实例位置	实例文件 >CH05> 为人物裙子更换颜色 .psd
视频名称	为人物裙子更换颜色 .mp4
技术掌握	掌握颜色替换工具的使用方法

（扫码观看视频）

最终效果图

【操作分析】

使用【颜色替换工具】 ✎ 可以将目标区域的颜色替换为其他颜色，是快速的换色工具。

【重要命令】

使用【颜色替换工具】 ✎ 可以将目标区域的颜色替换为其他颜色，其选项栏如图4-30所示。

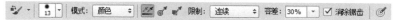

图4-30

【颜色替换工具】选项介绍

◆ **模式**：选择替换颜色的模式，包括【色相】【饱和度】【颜色】和【明度】。当选择【颜色】模式时，可以同时替换【色相】【饱和度】和【明度】。

◆ **取样**：用来设置颜色的取样方式。激活【取样：连续】按钮 ✎ 以后，在拖曳鼠标时可以对整个图像的颜色进行取样；激活【取样：一次】按钮 ✎ 以后，只替换包含第1次单击的颜色区域中的目标颜色；激活【取样：背景色板】按钮 ✎ 以后，只替换包含当前背景色的区域。

◆ **限制**：当选择【不连续】选项时，可以替换出现在光标下任何位置的样本颜色；当选择【连续】选项时，只替换与光标下的颜色接近的颜色；当选择【查找边缘】选项时，可以替换包含样本颜色的连接区域，同时保留形状边缘的锐化程度。

◆ **容差**：用来设置【颜色替换工具】 ✎ 的容差。

◆ **消除锯齿**：勾选该项以后，可以消除颜色替换区域的锯齿效果，从而使图像变得平滑。

【操作步骤】

01 打开"下载资源"中的"素材文件>CH04>素材04.jpg"文件，如图4-31所示。

02 使用【快速选择工具】 ✎ 将白色连衣裙载入选区，如图4-32所示，然后设置前景色为（C：13，M：2，Y：7，K：0）。

图4-31　　　　　　　　　图4-32

03 选择【颜色替换工具】，然后在其选项栏设置好各项参数，如图4-33所示；接着在选区中涂抹，最后按组合键Ctrl+D取消选择，如图4-34所示，最终效果如图4-35所示。

图4-33

图4-34　　　　　　　　图4-35

TIPS

Photoshop中的画笔工具组除了以上介绍的【画笔工具】和【颜色替换工具】，还包括【铅笔工具】和【混合器画笔工具】，因其使用率相对较低，这里就简单介绍一下。

（1）铅笔工具

【铅笔工具】的用法类似于【画笔工具】，但又不同于【画笔工具】，使用【铅笔工具】可绘制出硬边的线条，如果是斜线会有明显的锯齿。绘制的线条颜色为工具箱中的前景色，且在【画笔面板】中可以看到硬边的画笔。

此外，【铅笔工具】还有一个【自动抹除】功能，勾选该选项后，如果将光标中心放在包含前景色的区域上，可以将该区域涂抹成背景色；如果将光标中心放在不包含前景色的区域上，则可以将该区域涂抹成前景色。注意，【自动抹除】功能只适用于原始图像，也就是说，只有在原始图像上才能绘制出设置的前景色和背景色。如果是在新建的图层中进行涂抹，则【自动抹除】功能不起作用。

（2）混合器画笔工具

使用【混合器画笔工具】结合绘画工作区，可以模拟真实的绘画效果，其选项栏如图4-36所示。

图4-36

【混合器画笔】工具选项介绍

当前画笔载入：载入当前使用的画笔状态。单击图标，可以打开一个下拉菜单。

每次描边后载入／清理画笔：激活【每次描边后载入画笔】按钮，可以让光标下的颜色与前景色相混合；激活【每次描边后清理画笔】按钮，可以清除油彩。

有用的混合画笔组合：设置画笔的组合类型，该下拉列表中提供了干燥、潮湿的画笔组合，选择相应的画笔组合，即可绘制出不同的涂抹效果。

潮湿：控制画笔从画布拾取的油彩量。参数越大，拾取的油彩数量越多。

载入：指定储槽中载入的油彩量。载入速率较低时，绘画描边干燥的速度会更快。

混合：控制画布油彩量与储槽油彩量的比例。当混合比例为100%时，所有油彩将从画布中拾取；当混合比例为0%时，所有油彩都来自储槽。

流量：控制混合画笔的流量大小。

对所有图层取样：从所有可见图层中拾取颜色。

【案例总结】

本案例是针对【颜色替换工具】的使用方法对人物衣服进行颜色替换的练习。首先使用【快速选择工具】将目标载入选区，然后使用【颜色替换工具】在选区内涂抹，将目标载入选区后再进行涂抹，是为了避免在涂抹时出现涂抹到目标以外内容的失误。

（扫码观看视频）

最终效果图

4

绘画和图像修饰

这是一个为树林更换颜色的练习，制作思路如图4-37所示。

打开素材图片，然后设置前景色，接着使用【颜色替换工具】 在图像上涂抹。

图4-37

案例 22
污点修复画笔工具：
修复风景图片

素材位置	素材文件 >CH04>06.jpg
实例位置	实例文件 >CH04> 修复风景图片 .psd
视频名称	修复风景图片 .mp4
技术掌握	掌握污点修复画笔工具的使用方法

（扫码观看视频）

最终效果图

【操作分析】

【污点修复画笔工具】 ☑可以迅速修复图像存在的瑕疵或污点，其工作原理与【修复画笔工具】 ☑ 类似，即从图像或图案中提取样本像素来涂改需要修复的区域，使需要修复的区域与样本像素在纹理、亮度和透明度上保持一致，从而达到用样本像素遮盖需要修复的区域的目的。

【重点工具】

使用【污点修复画笔工具】 ☑不需要设置取样点，因为它可以自动从所修饰区域的周围进行取样，将需要修复区域与图像自身进行匹配，快速修复污点，其选项栏如图4-38所示。

图4-38

【污点修复画笔工具】选项介绍

◆ 模式：用来设置修复图像时使用的混合模式。除【正常】【正片叠底模式】等常用模式以外，还有一个【替换】模式，这个模式可以保留画笔描边的边缘处的杂色、胶片颗粒和纹理。

◆ 类型：用来设置修复的方法。选择【近似匹配】选项时，可以使用选区边缘周围的像素来查找要用作选定区域修补的图像区域；选择【创建纹理】选项时，可以使用选区中的所有像素创建一个用于修复该区域的纹理；选择【内容识别】选项时，可以使用选区周围的像素进行修复。

【操作步骤】

01 打开"下载资源"中的"素材文件>CH04>素材06.jpg"文件，如图4-39所示。

图4-39

02 选择【污点修复画笔工具】 ☑，在其选项栏中设置【画笔大小】为100、【类型】为【内容识别】，如图4-40所示。

03 用画笔在图像中需要修复的区域按住鼠标左键向右拖曳鼠标，如图4-41所示；然后松开鼠标，最终效果如图4-42所示。

图4-40

图4-41

图4-42

【案例总结】

本案例主要讲解了如何使用【污点修复画笔工具】 ☑修复图像中的瑕疵，该工具使用时，会在被单击的修复位置边缘自动寻找类似颜色进行自动匹配，并能自动调节明暗度和图像相应，所以不需要取样源点，只需要根据修复的范围大小来设置画笔大小，然后直接在需要修复的位置按住鼠标左键反复涂抹即可。

课后习题：
修复山水图片

实例位置	实例文件 >CH04> 修复山水图片 .psd
素材位置	素材文件 >CH04>07.jpg
视频名称	修复山水图片 .mp4

（扫码观看视频）

最终效果图

这是一个修复山水图片中污点的练习，制作思路如图4-43所示。

打开素材图片，然后使用【污点修复画笔工具】 ✏ 涂抹污点即可。

图4-43

案例23
修复画笔工具：修复
脸部瑕疵

素材位置	素材文件 >CH04>08.jpg
实例位置	实例文件 >CH04> 修复脸部瑕疵 6.psd
视频名称	修复脸部瑕疵 .mp4
技术掌握	掌握修复画笔工具的使用方法

（扫码观看视频）

最终效果图

【操作分析】

【修复画笔工具】✎可以校正图像的瑕疵，与【仿制图章工具】▲一样，【修复画笔工具】✎也可以用图像中的像素作为样本进行绘制。但是，【修复画笔工具】✎还可以将样本像素的纹理、光照、透明度和阴影与所修复的像素进行匹配，从而使修复后的像素不留痕迹地融入图像的其他部分。

【重点工具】

使用【修复画笔工具】✎可以自定义源点修复图像，其选项栏如图4-44所示。

【修复画笔工具】选项介绍

图4-44

◆ 源：设置用于修复像素的源。选择【取样】选项时，可以使用当前图像的像素来修复图像；选择【图案】选项时，可以使用某个图案作为取样点。

◆ 对齐：勾选该选项后，可以连续对像素进行取样，即使释放鼠标也不会丢失当前的取样点；关闭【对齐】选项以后，则会在每次停止并重新开始绘制时使用初始取样点的样本像素。

【操作步骤】

01 打开"下载资源"中的"素材文件>CH04>素材08.jpg"文件，如图4-45所示。

02 选择【修复画笔工具】✎，然后在其选项栏设置【画笔大小】为30、【修补区域的源】为【取样】，如图4-46所示。

03 按住Alt键单击鼠标进行取样，如图4-47所示；然后单击需要修复的瑕疵部分，如图4-48所示，效果如图4-49所示。

图4-45

图4-46

图4-47

图4-48

图4-49

【案例总结】

本案例主要是讲解如何使用【修复画笔工具】✎来修复人物脸上的瑕疵。使用【修复画笔工具】✎时，需要先按住Alt键，提取样本像素，然后松开Alt键，直接在要修复的区域单击涂抹即可，并能自动调节明暗度与图像相适应。

课后习题：	实例位置	实例文件 >CH04> 复制图案 .psd
复制图案	素材位置	素材文件 >CH04>09.jpg
	视频名称	**复制图案 .mp4**

（扫码观看视频）

最终效果图

这是一个复制图案的练习，制作思路如图4-50所示。

打开素材图片，然后使用【修复画笔工具】 ✐ 进行取样，接着在目标位置单击。

图4-50

案例 24
修补工具：印制多个
相同物体

素材位置	素材文件 >CH04>10.jpg
实例位置	实例文件 >CH04> 印制多个相同物体 .psd
视频名称	印制多个相同物体 .mp4
技术掌握	掌握修补工具的使用方法

（扫码观看视频）

最终效果图

【操作分析】

　　【修补工具】◉是通过创建选区来修补图像的。【修补工具】◉的工作原理与【修复画笔工具】✎相似，只不过【修补工具】◉是以面为主要修复区域的工具，并且效率更高，可对图像中的瑕疵区域进行成片的面修复。

【重要命令】

　　使用【修补工具】◉可以用样本和图案来修补图像中的不理想区域，其选项栏如图4-51所示。

图4-51

【修补工具】选项介绍

◆ **修补**：包括【正常】和【内容识别】两种方式。

◆ **正常**：创建选区后，选择后面的【源】选项，将选区拖曳到要修补的区域以后，松开鼠标左键就会用当前选区中的图修补原来选中的内容；选择【目标】时，则会将选中的图像复制到目标区域。

◆ **内容识别**：选择这种修补方式以后，可以在后面的【适应】下拉列表中选择一种修复精度。

◆ **透明**：勾选该选项以后，可以使修补的图像与原始图像产生透明的叠加效果。

◆ **使用图案**[使用图案]：使用【修补工具】◉创建选区以后，单击该按钮，可以使用图案修补选区内的图像。

【操作步骤】

01 打开"下载资源"中的"素材文件>CH04>素材10.jpg"文件，如图4-52所示。

02 选择【修补工具】◉，在其选项栏设置【选区】为【新选区】、【修补】为【正常】，选中【源】选项，如图4-53所示。

图4-52　　　　　　　　　　　　　　　　　　　　图4-53

03 单击鼠标将图像中需要修补的部分框入选区，如图4-54和图4-55所示。

图4-54　　　　　　　　　　　　　　　　　　　图4-55

04 将选区拖曳到目标位置，如图4-56所示，效果如图4-57所示；然后用相同的方法修补图像其他区域，最终效果如图4-58所示。

图4-56

图4-57

图4-58

TIPS

（1）内容感知移动工具

使用【内容感知移动工具】可以将选中的对象移动或复制到图像的其他地方，并重组新的图像，其选项栏如图4-59所示。

图4-59

【内容感知移动工具】选项介绍

模式：包含【移动】和【扩展】两种模式。

移动：用【内容感知移动工具】创建选区以后，将选区移动到其他位置，可以将选区中的图像移动到新位置，并用选区图像填充该位置。

扩展：用【内容感知移动工具】创建选区以后，将选区移动到其他位置，可以将选区中的图像复制到新位置。

适应：用于选择修复的精度。

（2）红眼工具

使用【红眼工具】可以去除由闪光灯导致的红色反光，其选项栏如图4-60所示。

红眼工具选项介绍

瞳孔大小：用来设置瞳孔的大小，即眼睛暗色中心的大小。

变暗量：用来设置瞳孔的暗度。

图4-60

【案例总结】

本案例是针对【修补工具】的修补功能为图像添加一些物体或抹除瑕疵，步骤方法极其简单，但需要细心，修补后需要适当修饰。

课后习题：抹除多余物体	实例位置	实例文件 >CH04> 抹除多余物体 .psd
	素材位置	素材文件 >CH04>11.jpg
	视频名称	抹除多余物体 .mp4

（扫码观看视频）

最终效果图

这是一个抹除图像中多余物体的练习，制作思路如图4-61所示。

打开素材图片，然后使用【修补工具】 ⊕ 将需要抹除的物体框入选区，接着将选区拖曳到目标位置。

图4-61

案例25
图案图章工具：制作墙纸

素材位置	无
实例位置	实例文件 >CH04> 制作墙纸 .psd
视频名称	制作墙纸 .mp4
技术掌握	掌握图案图章工具的使用方法

（扫码观看视频）

【操作分析】

【图案图章工具】 ⁕ 的作用是将系统自带或自定义的图案进行复制并填充到图像区域中，与【仿制图章工具】 ⊥ 的区别是，【仿制图章工具】 ⊥ 主要复制的是图像本身的图像效果，而【图案图章工具】 ⁕ 可以使用预设图案或载入的图案进行绘画。

【重要命令】

使用【图案图章工具】 ⁕ 可以绘制图案，其选项栏如图4-62所示。

图4-62

最终效果图

【图案图章工具】选项介绍

◆ **对齐**：勾选该选项以后，可以保持图案与原始起点的连续性，即使多次单击鼠标也不例外；关闭选择时，则每次单击鼠标都重新应用图案。

◆ **印象派效果**：勾选该选项以后，可以模拟出印象派效果的图案。

【操作步骤】

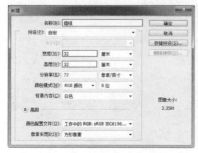

图4-63

01 按组合键Ctrl+N新建一个文档，然后设置【名称】为【墙纸】、【宽度】为32厘米、【高度】为32厘米，再单击【确定】按钮，如图4-63所示。

02 选择【图案图章工具】 ⁕ ，然后在其选项栏设置【画笔预设】的【大小】为200像素、【硬度】为0%、【图案】为【树叶图案纸（128×128像素，RGB模式）】，如图4-64所示。

图4-64

03 在画布中拖曳鼠标进行涂抹，如图4-65所示，最终效果如图4-66所示。

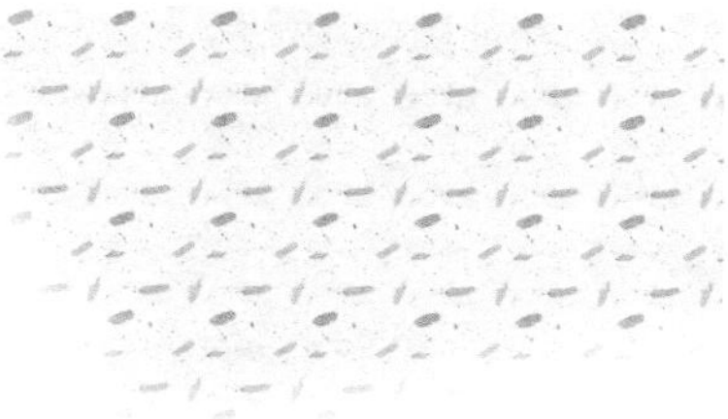

图4-65　　　　　　　　　　　　　　　图4-66

【案例总结】

本案例是针对【图案图章工具】🔳的绘画功能，然后使用预设图案绘制出精美墙纸。当然也可以根据使用者自己的喜好载入图案，再进行绘制。

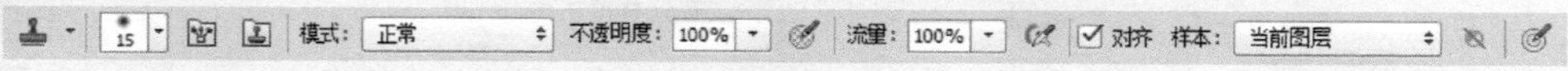

课后习题：
制作信纸

实例位置	实例文件 >CH04> 制作信纸 .psd
素材位置	无
视频名称	制作信纸 .mp4

（扫码观看视频）

最终效果图

这是一个制作简单信纸的练习，制作思路如图4-68所示。

新建一个文档，然后新建一个图层，接着选择【图案图章工具】，再设置图案和相关参数，最后在画布中进行涂抹。

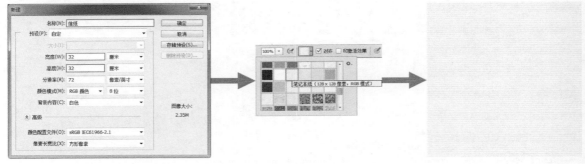

图4-68

案例 26
橡皮擦工具：更换背景天空

素材位置	素材文件 >CH04>12.jpg、13.jpg
实例位置	实例文件 >CH04> 更换背景天空 .psd
视频名称	更换背景天空 .mp4
技术掌握	掌握橡皮擦工具的使用方法

（扫码观看视频）

最终效果图

【操作分析】

【橡皮擦工具】可以将像素更改为背景色或透明。如果使用该工具在【背景】图层或锁定了透明像素的图层中进行擦除，则擦除的像素将变成背景色；如果在普通图层中进行擦除，则擦除的像素将变成透明。

【重要命令】

使用【橡皮擦工具】可以擦除图像，其选项栏如图4-69所示。

图4-69

【橡皮擦工具】选项介绍

◆ 选择橡皮擦的种类：选择【画笔】选项时，可以创建柔边（也可以创建硬边）擦除效果；选择【铅笔】选项时，可以创建硬边擦除效果；选择【块】选项时，擦除的效果为块状。

◆ **不透明度**：用来设置【橡皮擦工具】🖊的擦除强度。设置100%时，可以完全擦除像素。当【模式】设置为【块】时，该选项不可用。

◆ **流量**：用来设置【橡皮擦工具】🖊的擦除速度。

◆ **抹到历史记录**：勾选该选项以后，【橡皮擦工具】🖊的作用相当于【历史记录画笔】🖊。

【操作步骤】

01 打开"下载资源"中的"素材文件>CH04>素材12"文件，如图4-70所示。

02 打开"下载资源"中的"素材文件>CH04>素材13"文件，如图4-71所示；然后将其拖曳到"素材12.jpg"的操作界面中，接着按组合键Ctrl+T调整图片大小，如图4-72所示。

图4-70

图4-71

图4-72

03 选择【魔棒工具】🔍，然后在其选项栏设置【容差】为100%，勾选【消除锯齿】和【连续】选项，如图4-73所示；接着单击图像中的天空区域，如图4-74所示。

图4-73

图4-74

04 选择【橡皮擦工具】🖊，然后在其选项栏中设置画笔的【大小】为150像素，接着在图像选区涂抹，如图4-75和图4-76所示；最后按组合键Ctrl+D取消选择，最终效果如图4-77所示。

图4-75

图4-76

图4-77

【案例总结】

本案例是针对【橡皮擦工具】🖊的擦除功能来擦除图像原背景，进而为图像更换新背景所进行的练习，对背景颜色相似的图像使用这种方法更换背景，既简单又快捷实用。

课后习题： 更换人物背景	实例位置	实例文件 >CH04> 更换人物背景 .psd
	素材位置	素材文件 >CH04>14.jpg、15.jpg
	视频名称	更换人物背景 .mp4

（扫码观看视频）

4

绘画和图像修饰

这是一个更换人物背景的练习，制作思路如图4-78所示。

第1步：同时打开两张素材图片，然后将人物素材图片拖曳到背景素材图片的操作界面中。

第2步：使用【快速选择工具】选择人物的背景，然后使用【橡皮擦工具】将人物背景擦除，取消选择后，再使用低流量的【橡皮擦工具】擦拭人物的边缘，使其融入新的背景图案中。

最终效果图

图4-78

案例 27
背景橡皮擦工具：合成人物海报

素材位置	素材文件 >CH04>16.jpg、17.jpg
实例位置	实例文件 >CH04> 合成人物海报 .psd
视频名称	合成人物海报 .mp4
技术掌握	掌握背景橡皮擦工具的使用方法

（扫码观看视频）

【操作分析】

【背景橡皮擦工具】是一种智能化的橡皮擦，它的功能非常强大，除了可以使用它来擦除图像以外，最重要的方面是运用在抠图中。设置好背景颜色以后，使用该工具可以在抹除背景的同时保留前景对象的边缘。

最终效果图

【重点工具】

使用【背景橡皮擦工具】可以在抹除背景的同时保留前景对象的边缘，其选项栏如图4-79所示。

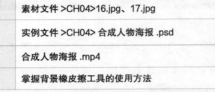

图4-79

【背景橡皮擦工具】选项介绍

◆ 取样：用来设置取样的方式。激活【取样：连续】按钮，在拖曳鼠标时可以连续对颜色进行取样，凡是出现在光标中心十字线以内的图像都将被擦除；激活【取样：一次】按钮，只擦除包含第1次单击颜色的图像；激活【取样：背景色板】按钮，只擦除包含背景的图像。

◆ 限制：设置擦除图像时的限制模式。选择【不连续】选项时，可以擦除出现在光标下任何位置的样本颜色；选择【连续】选项时，只擦除包含样本颜色并且相互连接的区域；选择【查找边缘】选项时，可以擦除包含样本颜色的连接区域，同时更好地保留形状边缘的锐化程度。

84

◆ **容差**：用来设置颜色的容差范围。

◆ **保护前景色**：勾选该选项以后，可以防止擦除与前景色匹配的区域。

 TIPS

【背景橡皮擦工具】 的功能非常强大，除了可以使用它来擦除图像以外，最重要的方法是运用在抠图中。

【操作步骤】

01 打开"下载资源"中的"素材文件>CH04>素材16.jpg"文件，如图4-80所示。

02 选择【背景橡皮擦工具】 ，然后在其选项栏设置画笔的【大小】为50像素、硬度】为0%，然后单击【取样：一次】按钮 ，接着设置【限制】为【连续】、【容差】为50%，并勾选【保护前景色】选项，如图4-81所示。

图4-80   图4-81

03 按组合键Ctrl+J复制背景图层得到【图层1】，然后隐藏【背景】图层，接着使用【吸管工具】 吸取人物脸部的皮肤颜色作为前景色，如图4-82所示；最后使用【背景橡皮擦工具】 沿着人物头部的边缘擦除背景，效果如图4-83所示。

图4-82   图4-83

 TIPS

由于在选项栏勾选了【保护前景色】选项，并且设置了皮肤颜色作为前景色，因此，在擦除时便能够有效地保证人像部分不被擦除。

4

绘画和图像修饰

04 使用【吸管工具】 🖊 吸取衬衣上的白色颜色作为前景色，然后使用【背景橡皮擦工具】 ✏ 擦除衣服附近的背景，如图4-84所示；接着继续使用【背景橡皮擦工具】 ✏ 擦除所有的背景，效果如图4-85所示。

05 打开"下载资源"中的"素材文件>CH04>素材17.jpg"文件，然后将其拖曳到"素材16.jpg"操作界面中得到【图层2】，并将其放在人物的下一层，接着将图片调整到画布大小，如图4-86所示。

图4-84

图4-85

图4-86

06 选中【图层1】，然后按组合键Ctrl+T进入自由变换状态，接着在变换框内单击鼠标右键，最后在下拉菜单中选择【水平翻转】命令，如图4-87所示，最终效果如图4-88所示。

图4-87

图4-88

【案例总结】

本案例主要针对【背景橡皮擦工具】 ✏ 保留前景对象边缘的特殊擦除功能，来擦除图像中原来人物的背景，从而给人物更换新的背景，擦除前要注意颜色的取样设置。

课后习题：	实例位置	实例文件 >CH04> 制作节日图片 .psd
制作节日图片	素材位置	素材文件 >CH04>18.jpg、19.jpg
	视频名称	制作节日图片 .mp4

（扫码观看视频）

这是一个合成人物剪影图片的练习，制作思路如图4-89所示。

打开素材图片，然后将人物剪影图片拖曳到背景图片中，接着使用【吸管工具】 🖊 吸取人物剪影的颜色作为前景色，再使用【背景橡皮擦工具】 ✏ 擦除背景色，最后执行【水平翻转】命令。

最终效果图

图4-89

案例 28
魔术橡皮擦工具：制作
杂志封面人物

素材位置	素材文件 >CH04>20.jpg、21.jpg
实例位置	实例文件 >CH04> 制作杂志封面人物 .psd
视频名称	制作杂志封面人物 .mp4
技术掌握	掌握魔术橡皮擦工具的使用方法

（扫码观看视频）

【操作分析】

使用【魔术橡皮擦工具】 在图像中单击时，可以将所有相似的像素更改为透明（如果在已锁定了透明像素的图层中工作，这些像素将更改为背景色）。

【重点工具】

使用【魔术橡皮擦工具】 可以将所有相似的像素更改为透明，其选项栏如图4-90所示。

图4-90

【魔术橡皮擦工具】选项介绍

◆ **容差**：用来设置可擦除的颜色范围。

◆ **消除锯齿**：可以使擦除区域的边缘变得平衡。

◆ **连续**：勾选该选项时，只擦除与单击点像素邻近的像素；关闭该选项时，可以擦除图像中所有相似的像素。

◆ **不同透明度**：用来设置擦除的强度。值为100%时，将完全擦除像素；较低的值可以擦除部分像素。

最终效果图

【操作步骤】

01 打开"下载资源"中的"素材文件>CH04>素材20.jpg"文件，如图4-91所示。

02 打开"下载资源"中的"素材文件>CH04>素材21.jpg"文件，然后将其拖曳到"素材05.jpg"操作界面得到【图层1】，如图4-92所示。

图4-91　　　　　　　　　　　　图4-92

03 选中【图层1】，然后选择【魔术橡皮擦工具】，并在其选项栏设置【容差】为20，勾选【消除锯齿】和【连续】选项，设置如图4-93所示；接着在人物的白色背景上单击鼠标左键，效果如图4-94所示。

图4-93 图4-94

04 按住Ctrl键单击【图层1】的缩略图加载人物选区，如图4-95所示；然后按组合键Shift+F6打开【羽化选区】对话框，接着在对话框内设置【羽化半径】为5像素，如图4-96所示；最后单击【确定】按钮，效果如图4-97所示。

图4-95 图4-96 图4-97

05 按组合键Ctrl+J复制【图层1】得到【图层2】，然后隐藏【图层2】，最终效果如图4-98所示。

【案例总结】

本案例是针对【魔术橡皮擦工具】擦除图像背景的功能来进行的练习。主要是使用【魔术橡皮擦工具】擦除图像背景，然后为图像更换新背景，进而合成新的图片，擦除前要注意【容差】的设置，擦除后对图像进行羽化能够使图像更好地融入背景图片中。

图4-98

课后习题：
更换人物场景

实例位置	实例文件 >CH04> 更换人物场景 .psd
素材位置	素材文件 >CH04>22.jpg、23.jpg
视频名称	更换人物场景 .mp4

（扫码观看视频）

Photoshop CS6 完全自学案例教程（微课版）

这是一个制作合成照片的练习，制作思路如图4-99所示。

打开素材图片，然后将人物图像拖曳到背景图像的操作界面，接着选择【魔术橡皮擦工具】并在其选项栏设置相关参数，再擦除人物图片的背景，最后调整人物的大小和位置。

最终效果图

图4-99

案例 29
模糊工具组：制作小景深图片

素材位置	素材文件 >CH04>24.jpg
实例位置	实例文件 >CH04> 制作小景深图片 .psd
视频名称	制作小景深图片 .mp4
技术掌握	掌握模糊工具组的使用方法

（扫码观看视频）

最终效果图

【操作分析】

模糊工具组由【模糊工具】、【锐化工具】和【涂抹工具】组成，它们都是图像像素处理工具。其中【模糊工具】和【锐化工具】主要是对图像进行调焦处理。【模糊工具】原理是通过降低图像相邻像素之间的反差，使图像的边缘或图像的局部变得更加清晰；【涂抹工具】类似模拟在未干的画面上用手指来回随意涂抹而产生的效果。

【重点工具】

（1）模糊工具

使用【模糊工具】可柔化硬边缘或减少图像中的细节，其选项栏如图4-100所示。使用该工具在某个区域上方绘制的次数越多，该区域就越模糊。

图4-100

【模糊工具】选项介绍

◆ 模式：用来设置【模糊工具】⬡的混合模式，包括【正常】【变暗】【变亮】【色相】【饱和度】【颜色】和【明度】。

◆ 强度：用来设置【模糊工具】⬡的模糊强度。

（2）锐化工具

使用【锐化工具】◁可以增强图像中相邻像素之间的对比，以提高图像的清晰度，其选项栏如图4-101所示。

图4-101

（3）涂抹工具

使用【涂抹工具】可以模拟手指划过湿油漆时所产生的效果，其选项栏如图4-102所示。

图4-102

【涂抹工具】选项介绍

◆ 强度：用来设置【涂抹工具】的涂抹强度。

◆ 手指绘画：勾选该选项后，可以使用前景颜色进行涂抹绘制。

【操作步骤】

01 打开“下载资源”中的“素材文件>CH04>素材24.jpg”文件，如图4-103所示。

02 选择【磁性套索工具】，然后沿花朵边缘绘制选区，接着按组合键Shift+Ctrl+I反向选择，如图4-104所示。

图4-103

图4-104

03 选择【模糊工具】⬡，然后在其选项栏设置【大小】为100像素、【强度】为100%，如图4-105所示；接着涂抹选区，涂抹完后按组合键Ctrl+D取消选择，效果如图4-106所示。

图4-106

图4-105

04 选择【锐化工具】◁，然后在其选项栏设置【大小】为200、【强度】为30%，如图4-107所示，接着在图像中涂抹，效果如图4-108所示。

图4-108

图4-107

05 选择【涂抹工具】 ，然后在其选项栏设置【大小】为80、【强度】为18%，如图4-109所示；接着在图像中向下涂抹蜜蜂，最终效果如图4-110所示。

图4-109

图4-110

【案例总结】

本案例主要讲解模糊工具组的用法，讲解如何使用它们来模糊图像背景和锐化图像，达到突出主体的目的。使用【模糊工具】 将图像背景进行模糊，降低像素间的对比度，使背景变得柔和；【锐化工具】 刚好与【模糊工具】 相反，使用【锐化工具】 将荷花涂抹成锐化效果，增强像素间的对比度，使荷花的边缘变得清晰；使用【涂抹工具】 涂抹蜜蜂，将蜜蜂的像素进行移动，进而产生模糊的效果。

课后习题： 处理婚纱照	实例位置	实例文件 >CH04> 处理婚纱照 .psd
	素材位置	素材文件 >CH04>25.jpg
	视频名称	处理婚纱照 .mp4

（扫码观看视频）

最终效果图

这是一个模糊照片背景的练习，制作思路如图4-111所示。

打开素材图片，然后使用【快速选择工具】 框选图片背景，接着使用【模糊工具】 涂抹背景，再执行【反向】菜单命令选中人物，最后使用强度较低的【锐化工具】 涂抹人物。

图4-111

案例 30 减淡工具组：美化人物皮肤	素材位置	素材文件 >CH05>26.jpg
	实例位置	实例文件 >CH05> 美化人物皮肤 .psd
	视频名称	美化人物皮肤 .mp4
	技术掌握	掌握减淡工具组的使用方法

（扫码观看视频）

【操作分析】

　　减淡工具组中主要包括【减淡工具】🔍、【加深工具】✍和【海绵工具】⬭，它们是图像处理工具，主要用于对图像局部的色彩进行修饰，按组合键Shift+O可以调出这些工具。其中【减淡工具】🔍和【加深工具】✍用来加亮或变暗图像区域，而【海绵工具】⬭则是用来调整图像的色彩饱和度。

最终效果图

【重点工具】

　　（1）减淡工具

　　使用【减淡工具】🔍可以改变图像的曝光度，其选项栏如图4-112所示。使用该工具在某个区域绘制的次数越多，该区域就会变得越亮。

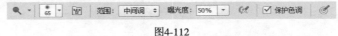

图4-112

【减淡工具】选项介绍

◆　**范围**：选择要修改的色调。选择【中间调】选项时，可以更改灰色的中间范围；选择【阴影】选项时，可以更改暗部区域；选择【高光】选项时，可以更改亮部区域。

◆　**曝光度**：可以为【减淡工具】🔍指定曝光。数值越高，效果越明显。

◆　**保护色调**：可以保护图像的色调不受影响。

　　（2）加深工具

　　【加深工具】✍和【减淡工具】🔍原理相同，但效果相反，它可以加深图像的阴影或对图像中有高光的部分进行暗化处理，其选项栏如图4-113所示。使用该工具在某个区域绘制的次数越多，该区域就会变得越暗。

图4-113

　　（3）海绵工具

　　使用【海绵工具】⬭可以精确地更改图像某个区域的色彩饱和度，其选项栏如图4-114所示。如果是灰度图像，该工具将通过灰阶远离或靠近中间灰色来提高或降低对比度。

图4-114

【加深工具】选项介绍

- **模式**：选择【饱和】选项时，可以增加色彩的饱和度，而选择【降低饱和度】选项时，可以降低色彩的饱和度。
- **流量**：为【海绵工具】指定流量。数值越高，【海绵工具】的强度越大，效果越明显。
- **自然饱和度**：勾选该选项后，可以在增加饱和度的同时防止颜色过渡饱和而产生溢色现象。

【操作步骤】

01 打开“下载资源”中的“素材文件>CH04>素材27.jpg”文件，如图4-115所示。

02 选择【减淡工具】，然后在其选项栏设置【大小】为100像素、【范围】为【中间调】、【曝光度】为40%并勾选【保护色调】选项，如图4-116所示；接着在图像中涂抹人物皮肤区域，如图4-117所示。

图4-115

图4-116

图4-117

03 选择【加深工具】，然后在其选项栏设置【大小】为30像素、【范围】为【中间调】、【曝光度】为50%并勾选【保护色调】选项，如图4-118所示；接着在图像中涂抹人物五官及头发，如图4-119所示。

图4-118

图4-119

04 选择【海绵工具】，然后在其选项栏设置【大小】为90像素、【模式】为【饱和】、【流量】为80%并勾选【自然饱和度】选项，如图4-120所示；接着在图像中涂抹人物嘴唇、衣服和脸颊，最终效果如图4-121所示。

图4-120

图4-121

【案例总结】

本案例主要讲解减淡工具组的用法，包括如何使用【减淡工具】对人物的皮肤进行涂抹以增加皮肤的白皙度，使细节可以显现出来；如何使用【加深工具】涂抹人物五官，使其更立体；如何使用【海绵工具】为人物化妆和加深人物衣服颜色。

课后习题：修饰人物妆容

实例位置	实例文件 >CH05> 修饰人物妆容 .psd
素材位置	素材文件 >CH05>27.jpg
视频名称	修饰人物妆容 .mp4

（扫码观看视频）

最终效果图

这是一个美化人物照片的练习，制作思路如图4-122所示。

打开素材图片，然后使用【减淡工具】🔍涂抹整个图片，接着使用【加深工具】🔍涂抹人物五官，再使用【海绵工具】🍃涂抹人物嘴唇、脸颊和衣服。

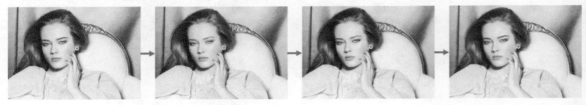

图4-122

案例 31
填充工具组：制作背景图片

素材位置	素材文件 >CH04>28.png
实例位置	实例文件 >CH04> 制作背景图片 .psd
视频名称	制作背景图片 .mp4
技术掌握	掌握填充工具组的使用方法

（扫码观看视频）

【操作分析】

图像填充工具主要用来为图像添加装饰效果。Photoshop提供了两种图像填充工具，分别是【渐变工具】和【油漆桶工具】。【渐变工具】🔲的应用非常广泛，它不仅可以填充图像，还可以用来填充图层蒙版、快速蒙版和通道等，是使用频率最高的工具之一；【油漆桶工具】🎨是图像填充工具的另外一种，可根据像素颜色的近似程度来填充颜色，填充的颜色为前景色或连续图案（【油漆桶工具】🎨不能作用于位图模式的图像）。

【重点工具】

（1）渐变工具

使用【渐变工具】🔲可以在整个文档或选区内填充渐变色，并且可以创建多种颜色间的混合效果。此工具掌握的使用方法是按住鼠标左键拖曳，形成一条直线，直线的长度和方向决定了渐变填充的区域和方向，拖曳鼠标的同时按住Shift键可保证鼠标的方向是水平、

最终效果图

竖直或45°，其选项栏如图4-123所示。

图4-123

【渐变工具】选项介绍

◆ **点按可编辑渐变** ：显示了当前的渐变颜色，单击右侧图标，可以打开【渐变】拾色器，如图4-124所示。如果直接单击【点按可编辑渐变】按钮 ，则会打开【渐变编辑器】对话框，在该对话框中可以编辑渐变颜色，或者保存渐变等，如图4-125所示。

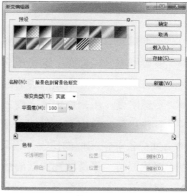

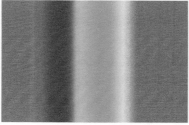

图4-124

图4-125

◆ **渐变类型**：激活【线性渐变】按钮，可以以直线方式创建从起点到终点的渐变，如图4-126所示；激活【径向渐变】按钮，可以以圆形方式创建从起点到终点的渐变，如图4-127所示；激活【角度渐变】按钮，可以创建围绕起点以逆时针扫描方式的渐变，如图4-128所示；激活【对称渐变】按钮，可以使用均衡的线性渐变在起点的任意一侧创建渐变，如图4-129所示；激活【菱形渐变】按钮，可以以菱形方式从起点向外产生渐变，终点定义菱形的一个角，如图4-130所示。

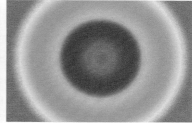

图4-126

图4-127

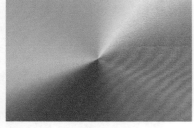

图4-128

图4-129

图4-130

◆ **模式**：用来设置应用渐变时的混合模式。

◆ **不透明度**：用来设置渐变色的不透明度。

◆ **反向**：转换渐变中的颜色顺序，得到反方向的渐变结果。

◆ **仿色**：勾选该选项时，可以使渐变效果更加平滑。主要用于防止打印时出现条带化现象，但在计算机屏幕上并不能明显地体现出来。

◆ **透明区域**：勾选该选项时，可以创建包含透明像素的渐变。

 TIPS

需要特别注意的是，【渐变工具】不能用于位图和索引颜色图像。在切换颜色模式时，有些方式观察不到任何渐变效果，此时就需要将图像再切换到可用模式下进行操作。

（2）油漆桶工具

使用【油漆桶工具】🪣可以在图像中填充前景色或图案，其选项栏如图4-131所示。如果创建了选区，填充的区域为当前选区；如果没有创建选区，填充的就是与鼠标单击处颜色相近的区域。

图4-131

【油漆桶工具】选项介绍

◆ **设置填充区域的源**：选择填充的模式，包含【前景】和【图案】两种模式。

◆ **模式**：用来设置填充内容的混合模式。

◆ **不透明度**：用来设置填充内容的不透明度。

◆ **容差**：用来定义必须填充像素的颜色的相似程度。设置较低的【容差】值会填充颜色范围内与鼠标单击处像素非常相似的像素；设置较高的【容差】值会填充更大范围的像素。

◆ **消除锯齿**：平滑填充选区的边缘。

◆ **连续的**：勾选该选项后，只填充图像中处于连续范围内的区域；关闭该选项后，可以填充图像中的所有相似像素。

◆ **所有图层**：勾选该选项后，可以对所有可见图层中的合并颜色数据填充像素；关闭该选项后，仅填充当前选择的图层。

【操作步骤】

01 按组合键Ctrl+N新建一个文档，具体参数如图4-132所示。

02 设置前景色为（C：74，M：32，Y：51，K：0）、背景色为（C：87，M：60，Y：68，K：23），然后选择【渐变工具】▣，并在其选项栏设置【点按可编辑渐变】为【前景色到背景色渐变】、【模式】为【径向渐变】，再勾选【仿色】和【透明区域】选项，如图4-133所示；接着在画布中从右上角向左下角斜拉填充渐变颜色，如图4-134所示，效果如图4-135所示。

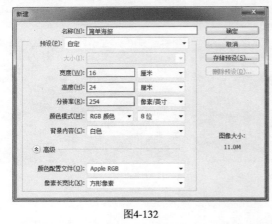

图4-132

图4-133　　　　　　　　　　　图4-134　　　　　　　　　　图4-135

03 单击【图层】面板上的【创建新图层】按钮▫新建一个【黄色】图层，然后使用【矩形选框工具】▢在图像中绘制选区，如图4-136所示；接着设置前景色为（C：8，M：50，Y：62，K：0），再使用【油漆桶工具】🪣填充选区，最后按组合键Ctrl+D取消选择，如图4-137所示。

04 用步骤03的方法绘制其他色块，从上到下依次填充颜色为红色（C：7，M：73，Y：17，K：0）、紫色（C：71，M：64，Y：0，K：0）、橙色（C：9，M：73，Y：71，K：0）和绿色（C：86，M：47，Y：100，K：10），效果如图4-138所示。

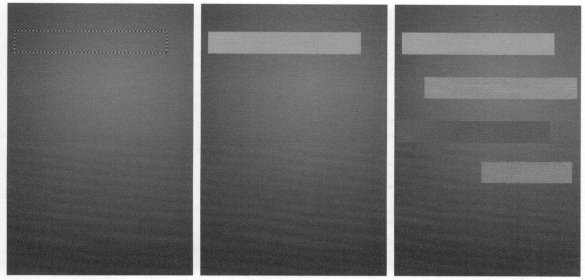

图4-136　　　　　　　　　　　図4-137　　　　　　　　　　　図4-138

05 单击【图层】面板上的【创建新图层】按钮 🔲 新建一个图层，然后使用【椭圆选框工具】 🔘 在图像
中绘制选区，并填充颜色为（C：8，M：50，Y：62，K：0），接着将对象图层拖曳到【黄色】图层下
面，如图4-139所示；再按住Alt键在图像中拖曳复制多个圆形对象，最后将复制对象分别拖曳到图像中
合适位置，效果如图4-140所示。

06 打开"下载资源"中的"素材文件>CH29>素材28.png"文件，然后将其拖曳到主文档内，最终效果
如图4-141所示。

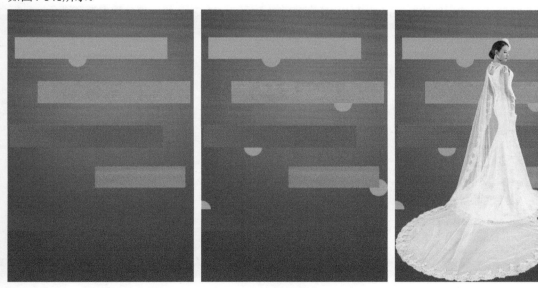

図4-139　　　　　　　　　　　図4-140　　　　　　　　　　　図4-141

【**案例总结**】

　　本案例主要是使用【渐变工具】 🔲 制作渐变背景，再使用【油漆桶工具】 🎨 选区填充单色，从而制
作出背景图片，在填充渐变颜色时，需要注意拖曳鼠标时的角度和直线的长度。

课后习题：
为卡通人物上色

实例位置	实例文件 >CH04> 为卡通人物上色 .psd
素材位置	素材文件 >CH04>29.jpg
视频名称	为卡通人物上色 .mp4

（扫码观看视频）

最终效果图

这是一个给HelloKitty填充颜色的练习，制作思路如图4-142所示。

打开素材图片，然后新建图层，接着使用【渐变工具】■给相机外壳的一部分填充渐变颜色，再新建图层，最后使用【油漆桶工具】█给相机外壳和HelloKitty的衣服与头饰填充颜色。

图4-142

图层

　　以图层为模式的编辑方法几乎是Photoshop的核心思路。在Photoshop中，图层是使用Photoshop编辑处理图像时必备的承载元素。通过图层的堆叠与混合可以制作出多种多样的效果，用图层来实现效果是一种直观而简单的方法，且各图层之间互不影响。

　　图层是Photoshop中最重要的组成部分，它就如同堆叠在一起的透明胶片，在不同图层上进行绘画就像是将图层中的不同元素分别绘制在不同的透明胶片上，然后按照一定的顺序进行叠放后形成完整的图像。对某一图层进行操作就相当于调整某些胶片的上下顺序或移动其中一张胶片的位置，调整完成后，堆叠效果也会发生变化。因此，图层的操作就类似于对不同图像所在的胶片进行的调整或修改。

本章学习要点

- 图层的基本操作
- 用图层组管理图层
- 智能对象图层
- 填充与调整图层
- 图层混合模式的设置与使用
- 图层样式和调整图层的使用

案例 32
新建图层

素材位置	素材文件 >CH05>01.jpg
实例位置	无
视频名称	新建图层 .mp4
技术掌握	掌握新建图层的方法

（扫码观看视频）

【操作分析】

　　新建图层的方法有很多种，可以在【图层】面板中创建新的普通空白图层，也可以通过复制已有的图层来创建新的图层，还可以将图形中的局部创建为新的图层，当然也可以通过相应的菜单命令来创建图层。

【重要命令】

　　（1）在【图层】面板中创建图层。

　　（2）用【新建】菜单命令新建图层，组合键为Shift+Ctrl+N。

　　（3）用【通过拷贝的图层】菜单命令创建图层，组合键为Ctrl+J。

　　（4）用【通过剪切的图层】命令创建图层，组合键为Shift+Ctrl+J。

　　【图层】面板是Photoshop中最重要、最常用的面板，主要用于创建、编辑和管理图层，以及为图层添加样式。在【图层】面板中，图层名称的左侧是图层的缩略图，它显示了图层中包含的图像内容；右侧是图层的名称，而缩略图中的棋盘格则代表图像的透明区域，【图层】面板如图5-1所示。

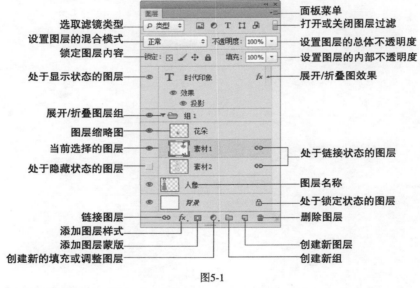

图5-1

【图层】面板选项介绍

◆　**面板菜单** ▼≣：单击该图标，可以打开【图层】面板的面板菜单。

◆　**选取滤镜类型**：当文档中的图层较多时，可以在该下拉列表中选择一种过滤类型，以减少图层的显示，可供选择的类型包含【类型】【名称】【效果】【模式】【属性】和【颜色】。另外，【选取滤镜类型】下拉列表后面还有5个过滤按钮，分别用于过滤像素图层、调整图层、文字图层、形状图层和智能对象图层。

 TIPS

　　注意，【选取滤镜类型】中的【滤镜】并不是指菜单栏中的【滤镜】菜单命令，而是【过滤】的颜色，也就是对某一图层类型进行过滤。

◆ **打开或关闭图层过滤**▪：单击该按钮，可以开启或关闭图层的过滤功能。

◆ **设置图层的混合模式**：用来设置当前图层的混合模式，使之与下面的图像混合。

◆ **锁定图层内容**▣ ✓ ✦ 🔒：这一排按钮用于锁定当前图层的某种属性，使其不可编辑。

  锁定透明像素▣：激活该按钮以后，可以将编辑范围限定在图层的不透明区域，图层的透明区域会受到保护。

  锁定图像像素✓：激活该按钮以后，只能对图层进行移动或变换操作，不能在图层上绘画、擦除或应用滤镜等。

  锁定位置✦：激活该按钮以后，图层将不能移动。这个功能对于设置了精确位置的图像非常有用。

  锁定全部🔒： 激活该按钮以后，图层将不能进行任何操作。

◆ **设置图层的总体不透明度**：用来设置当前图层的总体不透明度。

◆ **设置图层的内部不透明度**：用来设置当前图层的填充不透明度。该选项与【不透明度】选项类似，但是不会影响图层样式效果。

◆ **处于显示/隐藏状态的图层**👁/▢：当该图标显示为👁形状时，表示当前图层处于可见状态，而处于空▢形状时则处于不可见状态。单击该图标可以在显示与隐藏之间进行切换。

◆ **展开/折叠图层效果**▼/▶：单击【展开图层效果】按钮▼，可以展开图层效果；单击【折叠图层效果】按钮▶，可以折叠图层效果，以显示出当前图层添加的所有效果的名称。

◆ **当前选择的图层**：当前处于选择或编辑状态的图层。处于这种状态的图层在【图层】面板中显示为浅蓝色的底色。

◆ **处于链接状态的图层**🔗：当链接好两个或两个以上的图层以后，图层名称的右侧就会显示出链接标志。链接好的图层可以一起进行移动或变换等操作。

◆ **图层缩略图**：显示图层中所包含的图像内容。其中棋盘格区域表示图像的透明区域，非棋盘格区域表示像素区域（即具有图像的区域）。

◆ **图层名称**：显示图层的名称。

◆ **处于锁定状态的图层**🔒：当图层缩略图右侧显示有该图标时，表示该图层处于锁定状态。

◆ **链接图层**🔗：用来链接当前选择的多个图层。

◆ **添加图层样式**fx：单击该按钮，在弹出的菜单中选择一种样式,可以为当前图层添加一个图层样式。

◆ **添加图层蒙版**▢：单击该按钮，可以为当前图层添加一个蒙版。

◆ **创建新的填充或调整图形**◑：单击该按钮，在弹出的菜单中选择相应的命令即可创建填充图层或调整图层。

◆ **创建新组**▢：单击该按钮可以新建一个图层组。

◆ **创建新图层**▢：单击该按钮可以新建一个图层。

5

图层

◆ **删除图层** 🗑 ：单击该按钮可以删除当前选择的图层或图层组。

【操作步骤】

01 按组合键Ctrl+O打开"下载资源"中的"素材文件>CH05>素材01jpg"文件，如图5-2所示。

图5-2

在【图层】面板中创建图层

02 单击【图层】面板底部的【创建新图层】按钮 🔳 ，在当前图层的上一层新建一个图层，如图5-3所示和图5-4所示。

图5-3   图5-4

> 🔵 **TIPS**
>
> 注意，如果要在当前图层的下一层新建一个图层，可以按Ctrl键单击【创建新图层】按钮 🔳 ，如图5-5和图5-6所示。但如果当前图层为【背景】图层，即使按住Ctrl键也不能在其下方新建图层。
>
>
>
> 图5-5   图5-6

用【新建】菜单命令新建图层

03 选中【图层1】，如图5-7所示，然后执行【图层】>【新建】>【图层】菜单命令，如图5-8所示，接

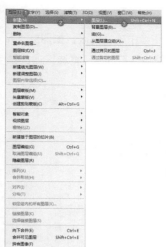

图5-7

着在弹出的【新建图层】对话框中设置图层的【名称】【颜色】【模式】和【不透明度】等，再单击【确定】按钮 确定 即可创建，如图5-9所示，图层如图5-10所示。

图5-8　　　　　　　　图5-9　　　　　　　　图5-10

TIPS

注意，按住Alt键单击【创建新图层】按钮 或直接按组合键Shift+Ctrl+N也可以打开【新建图层】对话框。

用【通过拷贝的图层】菜单命令创建图层

04 选择【背景】图层，图5-11所示，然后执行【图层】>【新建】>【通过拷贝的图层】菜单命令或按组合键Ctrl+J，可以将当前图层复制一份，如图5-12所示，图层如图5-13所示。

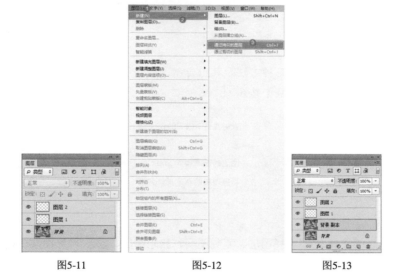

图5-11　　　　　　　　图5-12　　　　　　　　图5-13

5

图层

TIPS

注意，如果当前图像中存在选区，如图5-14所示，则执行【图层】>【新建】>【通过拷贝的图层】菜单命令或按组合键Ctrl+J，可以将选区中的图像复制到一个新的图层中，如图5-15所示。

图5-14　　　　　　　　图5-15

用【通过剪切的图层】命令创建图层

05 选中【背景副本】图层，如图5-16所示；然后选择【矩形选框工具】 在图像中建立选区，如图5-17所示；接着执行【图层】>【新建】>【通过剪切的图层】菜单命令或按组合键Shift+Ctrl+J，将选区内的图像剪切到一个新的图层中，如图5-18所示，图层如图5-19所示。

图5-16

图5-17

图5-18

图5-19

【案例总结】

本案例主要讲解的是新建图层的几种方法及其组合键，操作过程简单易懂，在操作中常用的方法是单击图层【面板】底部的【创建新图层】按钮 。

素材位置	素材文件 >CH05>02.psd
实例位置	无
视频名称	图层的基本操作 .mp4
技术掌握	掌握图层的基本操作方法

（扫码观看视频）

案例 33
图层的基本操作

【操作分析】

图层的基本操作包括选择/取消选择图层、复制图层、删除图层、显示/隐藏图层、链接与取消链接图层和修改图层的名称与颜色。

【重要命令】

（1）选择/取消选择图层

如果要对文档中的某个图层进行操作，就必须先选中该图层。在Photoshop中，可以选择单个图层，也可以选择多个连续的图层或选择多个非连续的图层。

如果要选择一个图层，只需要在【图层】面板中单击该图层即可将其选中。

如果要选择多个连续的图层，先选择位于连续顶端的图层，然后按住Shift键单击位于连续底端的图层，即可选择这些连续的图层；也可以在选中一个图层的情况下，按住Ctrl键单击其他图层名称。

🔴 TIPS

如果使用Ctrl键连续选择多个图层，只能单击其他图层的名称，绝对不能单击图层缩略图，否则会载入图层选区。

Photoshop CS6 完全自学案例教程（微课版）

如果要选择多个非连续的图层，可以先选择其中一个图层，然后按住Crtl键单击其他图层的名称。

如果要选择所有图层，可以执行【选择】>【所有图层】菜单命令或按组合键Alt+Ctrl+A。

如果要选择链接的图层，可以先选择一个链接图层，然后执行【图层】>【选择链接图层】菜单命令即可。

如果不想选择任何图层，可以在【图层】面板中最下面的空白处单击鼠标左键，即可取消选择所有图层。另外，执行【选择】>【取消选择图层】菜单命令也可以达到相同的目的。

（2）复制图层

复制图层在Photoshop中经常被用到，这里讲解4种复制图层的方法。

第1种：选择一个图层，然后执行【图层】>【复制图层】菜单命令，单击【确定】按钮 [　确定　] 即可复制选中图层。

第2种：选择要复制的图层，然后在其名称上单击鼠标右键，接着在弹出的菜单中选择【复制图层】命令，即可复制选中图层。

第3种：直接将图层拖曳到【图层】面板中的【创建新图层】按钮 ▯ 上，即可复制选中图层。

第4种：选择需要进行复制的图层，然后直接按组合键Ctrl+J。

（3）删除图层

如果要删除一个或多个图层，可以先将其选择，然后执行【图层】>【删除图层】>【图层】菜单命令，即可删除选中图层。

（4）显示/隐藏图层

图层缩略图左侧的眼睛图标 👁 用来控制图层的可见性。有该图标的图层为可见图层，没有该图标的图层为隐藏图层，单击眼睛图标 👁 可以在图层的显示和隐藏之间进行切换。

（5）链接与取消链接图层

如果要同时处理多个图层中的内容（如移动、应用变换或创建剪贴蒙版），可以将这些图层链接起来。选择两个或多个图层，然后执行【图层】>【链接图层】菜单命令或在【图层】面板下单击【链接图层】按钮 ⇔ 。

5

图层

（6）修改图层的名称与颜色

在一个图层较多的文档中，修改图层名称及颜色有助于
快速找到相应的图层，如果要修改某个图层的名称，可以
执行【图层】>【重命名图层】菜单命令，也可以在图层名
称上双击鼠标左键激活名称输入框，然后在输入框中输入
名称即可。

如果要修改图层的颜色，可以先选择该图层，然后在图
层缩略图或图层名称上单击鼠标右键，接着在打开的菜单
中选择相应的颜色即可，如图5-20和图5-21所示。

图5-20   图5-21

【操作步骤】

01 打开"下载资源"中的"素材文件>CH05>素材02.psd"文件，如图5-22所示。

02 在【图层】面板中选中【图层3】,如图5-23所示；然后按组合键Ctrl+J将其复制一层，图层如图5-24
所示。

图5-22   图5-23   图5-24

03 选中【图层3】，然后按住Ctrl键单击【背景副本】图层将其选中，如图5-25所示；接着单击【图
层】面板底部的【链接图层】按钮 ⊖⊝ 将图层链接，如图5-26所示。

04 双击【背景图层】的名称,激活名称输入框,图5-27所示；然后在输入框中输入新名称【图层4】，如图5-28
所示。

图5-25   图5-26   图5-27   图5-28

05 执行【选择】>【所有图层】菜单命令或按组合键Alt+Ctrl+A，选中除【背景】图层以外的图层，如图5-29所示，图层如图5-30所示；然后执行【图层】>【删除图层】>【图层】菜单命令，如图5-31所示；最后在打开的对话框中单击【是】按钮 即可将其删除，如图5-32所示，图层如图5-33所示。

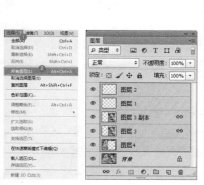

图5-29　　　　　　图5-30　　　　　　　图5-31　　　　　　　图5-32　　　　　　　图5-33

🔵 **TIPS**

注意，在选择图层进行操作时，对于类似绘画以及调色等操作，每次只能对一个图层进行操作。

另外，对齐与分布图层在Photoshop中运用非常广泛，能对多个图层进行快速的对齐或按照一定的规律均匀分布。

如果需要将多个图层进行对齐，需要在【图层】面板中选择这些图层，然后执行【图层】>【对齐】菜单下的子命令；当一个文档中包含多个图层（至少为3个图层，且【背景】图层除外）时，可以执行【图层】>【分布】菜单下的子命令将这些图层按照一定的规律均匀分布。

【案例总结】

在Photoshop中工作时，图层的基本操作是非常重要的，包括复制图层、链接图层、修改图层名称以及选择图层和删除图层，只有掌握了这些基本操作才能更好地使用Photoshop。

案例 34
合并与盖印图层

素材位置	素材文件 >CH05>03.psd
实例位置	无
视频名称	合并与盖印图层 .mp4
技术掌握	掌握合并与盖印图层的方法

（扫码观看视频）

【操作分析】

如果一个文件中含有过多的图层、图层组以及图层样式，会消耗非常多的内存资源，从而降低计算机的运行速度。因此，我们可以采用删除无用图层、合并同一个内容的图层等方法来减小文件的大小。

【重要命令】

（1）合并图层

【合并图层】就是将两个或两个以上的图层合并到一个图层上，主要包括合并图层、合并可见图层和拼合图层。

执行【图层】>【向下合并】菜单命令可以将当前图层与它下面的图层合并，组合键为Ctrl+E，图层名称使用下面图层的名称。

执行【图层】>【合并可见图层】菜单命令可以将当前所有的可见图层合并为一个图层，组合键为Shift+Ctrl+E。

执行【图层】>【拼合图像】菜单命令可以将所有可见图层进行合并，并丢弃隐藏的图层。

（2）盖印图层

【盖印】是一种合并图层的特殊方法，它可以将多个图层的内容合并到一个新的图层中，同时保持其他图层不变。【盖印图层】在实际工作中经常用到，是一种很实用的图层合并方法。

按组合键Ctrl+Alt+E可以将一个或多个图层中的图像盖印到一个新的图层中，原始图层的内容保持不变。

按组合键Ctrl+Shift+Alt+E可以将所有可见图层盖印到一个新的图层中。

【操作步骤】

01 打开"下载资源"中的"素材文件>CH05>素材03.psd"文件，如图5-34所示。

02 在【图层】面板中选中【苹果】图层，然后按组合键Ctrl+E向下合并图层，如图5-35和图5-36所示。

图5-34 图5-35 图5-36

03 在【图层】面板中选中【葡萄】图层，按组合键Ctrl+Alt+E向下盖印图层，效果如图5-37所示。

04 在【图层】面板中从上到下选中【橘子】图层到【香蕉】图层，然后按组合键Ctrl+Alt+E向下盖印图层，如图5-38所示，最终图层如图5-39所示。

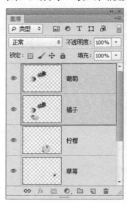
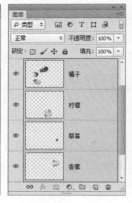

图5-37 图5-38 图5-39

【案例总结】

合并图层可以将选中的图层内容合并在一个图层中，但是其他图层不再存在，而盖印图层既可以将不同图层的内容合并在一个图层中，同时还可以保留原图层。它们都可以减小文件的大小，提升软件运行的速度。

案例 35
栅格化图层内容

素材位置	素材文件 >CH05>04.psd
实例位置	实例文件 >CH05> 栅格化图层内容 .psd
视频名称	栅格化图层内容 .mp4
技术掌握	掌握栅格化图层的方法

（扫码观看视频）

【操作分析】

对于文字图层、形状图层、矢量蒙版图层或智能对象等包含矢量数据的图层，不能直接在上面进行编辑，需要先将其栅格化以后才能进行相应的操作。

【重要命令】

执行【图层】>【栅格化】菜单命令，如图5-40所示，可以将相应的图层栅格化。

最终效果图

【栅格化】图层内容介绍

◆ **文字**：栅格化文字图层，使文字变为光栅图像。栅格化文字图层以后，文本内容将不能再修改。

◆ **形状/填充内容/矢量蒙版**：选择一个形状图层，执行【图层】>【栅格化】>【形状】菜单命令，可以栅格化当前选定的形状图层；执行【图层】>【栅格化】>【填充内容】菜单命令，可以栅格化当前选定的形状图层的填充内容，但会保留矢量蒙版；执行【图层】>【栅格化】>【矢量蒙版】菜单命令，可以栅格化当前选定的形状图层的矢量蒙版，同时将其转换为图层蒙版。

◆ **智能对象**：栅格化智能对象图层，使其转换为像素图像。

◆ **图层/所有图层**：执行【图层】>【栅格化】>【图层】菜单命令，可以栅格化当前选定的图层；执行【图层】>【栅格化】>【所有图层】菜单命令，可以栅格化包含矢量数据、智能对象和生成的数据的所有图层。

图5-40

【操作步骤】

01 打开"下载资源"中的"素材文件>CH05>素材04.psd文件，如图5-41所示。

02 选中文字图层【童话】，然后设置前景色为（C：51，M：0，Y：76，K：0）、背景色为（C：21，M：42，Y：0，K：0）；接着执行【滤镜】>【风格化】>【拼贴】菜单命令，此时Photoshop会打开一个警告对话框，提示用户是否栅格化文字，单击【确定】按钮[确定]即可将文字栅格化，如图5-42所示；最后在打开的【拼贴】对话框中设置【最大移位】为20%、【填充空白区域用】为【前景颜色】，如图5-43所示，效果如图5-44所示。

图5-41

图5-42

图5-43

图5-44

5
图层

03 选中文字图层【童年】，然后设置前景色为（C：7，M：34，Y：89，K：0）、背景色为（C：4，M：73，Y：66，K：0），接着执行【滤镜】>【风格化】>【拼贴】菜单命令，并在打开的警告对话框中单击【确定】按钮 栅格化文字，最后在打开的【拼贴】对话框中设置【最大移位】为20%、【填充空白区域用】为【前景颜色】，效果如图5-45所示。

04 选中文字图层【童趣】，然后设置前景色为（C：44，M：0，Y：16，K：0）、背景色为（C：88，M：74，Y：0，K：0），接着执行【滤镜】>【风格化】>【拼贴】菜单命令，并在打开的警告对话框中单击【确定】按钮 栅格化文字，最后在打开的【拼贴】对话框中设置【最大移位】为20%、【填充空白区域用】为【前景颜色】，最终效果如图5-46所示。

图5-45

图5-46

TIPS

【滤镜】功能的详细讲解请参考本书的第11章。

【案例总结】

　　本案例主要是讲解在需要直接对文字图层进行编辑时，需要栅格化处理文字，当然之后就不能再改变文字的内容了，所以栅格化文字之前请确定文字是否已经完全编辑好。

案例36
背景图层的转换

素材位置	素材文件 >CH05>05.jpg
实例位置	无
视频名称	背景图层的转换 .mp4
技术掌握	掌握背景图层转换的方法

（扫码观看视频）

【操作分析】

　　在一般情况下，【背景】图层都处于锁定、无法编辑的状态。因此，如果要对【背景】图层进行操作，就需要将其转换为普通图层。当然，也可以将普通图层转换为【背景】图层。

【重要命令】

　　（1）将背景图层转换为普通图层

　　如果要将【背景】图层转换为普通图层，可以采用以下4种方法。

　　第1种：在【背景】图层上单击鼠标右键，然后在弹出的菜单中选择【背景】图层命令，如图5-47所示，接着在打开的【新建图层】对话框中单击【确定】按钮 即可将其转换为普通图层，如图5-48和图5-49所示。

第2种：在【背景】图层上双击鼠标左键，打开【新建图层】对话框，然后单击【确定】按钮 ![确定] 即可。

第3种：按住Alt键双击【背景】图层，【背景】图层将直接转换为普通图层【图层0】。

图5-47　　　　　　　　图5-48　　　　　　　　图5-49

第4种：执行【图层】>【新建】>【背景图层】菜单命令，可以将【背景】图层转换为普通图层。

（2）将普通图层转换为背景图层

如果要将普通图层转换为【背景】图层，可以采用以下两种方法。

第1种：在图层名称上单击鼠标右键，然后在打开的菜单中选择【拼合图像】命令，此时图层将被转换为【背景】图层。另外，执行【图层】>【拼合图像】菜单命令，也可以将图像拼合成【背景】图层，如图5-50和5-51所示。

图5-50　　　　　　　　图5-51

第2种：执行【图层】>【新建】>【图层背景】菜单命令，可以将普通图层转换为【背景】图层。

【操作步骤】

01 打开"下载资源"中的"素材文件>CH05>素材05.psd"文件，如图5-52所示。

02 按住Alt键双击【背景】图层将其转换为普通图层【图层0】，如图5-53所示。

03 执行【图层】>【新建】>【图层背景】菜单命令，将普通图层转换为【背景】图层，如图5-54所示，效果如图5-55所示。

图5-52　　　　　　图5-53　　　　　　图5-54　　　　　　图5-55

【案例总结】

在使用Photoshop时，经常会遇到需要编辑【背景】图层的时候，而要对【背景】图层进行编辑操作，首先要将其转换为普通图层，常用的转换为普通图层的方法是双击【背景】图层或按住Alt键双击【背景】图层。

素材位置	素材文件 >CH05>06.psd
实例位置	无
视频名称	用图层组管理图层 .mp4
技术掌握	掌握用图层组管理图层的方法

（扫码观看视频）

【操作分析】

随着图像不断被编辑，图层的数量往往会越来越多，少则几个，多则几十个、几百个，要在如此之多的图层中找到需要的图层，将会是一件非常麻烦的事情。如果使用图层组来管理同一个部分内容的图层，就可以使【图层】面板中的图层结构更加有条理，寻找起来也更加方便、快捷。

【重要命令】

（1）创建与解散图层组

创建图层组后，可以方便快捷地移动整个图层组的所有图像，有效提高工作效率。

执行【图层】>【新建】>【组】菜单命令，可以创建图层组，组合键为Ctrl+G。

创建图层组的方法有3种，分别包括在【图层】面板中创建图层组、用新建命令创建图层组和从所选图层创建图层组。

第1种：在【图层】面板下单击【创建新组】按钮 ，可以创建一个空白的图层组。

第2种：如果要在创建图层组时设置名称、颜色、混合模式和不透明度，可以执行【图层】>【新建】>【组】菜单命令，在打开的【新建组】对话框中就可以设置这些属性。

第3种：选择一个或多个图层，然后执行【图层】>【图层编组】菜单命令或按组合键Ctrl+G，可以为所选图层创建一个图层组。

（2）取消图层编组

执行【图层】>【取消图层编组】菜单命令可以取消图层编组，组合键为Shift+Ctrl+G，也可以在图层组名称上单击鼠标右键，然后在打开的菜单中选择【取消图层编组】命令，如图5-56所示。

图5-56

（3）将图层移入或移出图层组

选择一个或多个图层，然后将其拖曳到图层组内，就可以将其移入到该组中；相反，将图层组中的图层拖曳到组外，就可以将其从图层组中移出。

【操作步骤】

01 打开"下载资源"中的"素材文件>CH05>素材06.psd"文件，如图5-57所示。

02 在【图层】面板中选中【葡萄】图层，然后按Shift键单击【香蕉】图层，将【葡萄】图层到【香蕉】图层选中，如图5-58所示；接着按组合键Ctrl+G为所选中的图层创建一个图层组，并修改新建组的名称为【水果】，如图5-59所示。

图5-57

图5-58   图5-59

图5-60

图5-61

03 选中【青菜】图层，然后执行【图层】>【新建】>【组】菜单命令，如图5-60所示；接着在打开的【新建组】对话框中，设置【名称】为【蔬菜】、【颜色】为【绿色】，如图5-61所示，图层如图5-62所示。

04 选中【青菜】图层，然后按Shift键单击【西红柿】图层，将【青菜】图层到【西红柿】图层选中，然后拖曳到【蔬菜】图层组内，如图5-63所示，最终图层如图5-64所示。

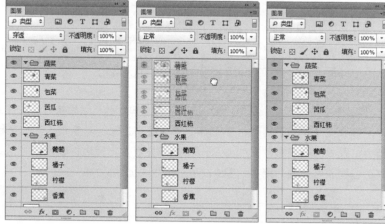

图5-62   图5-63   图5-64

【案例总结】

在Photoshop中，图层过多会导致操作者不方便查看和编辑，因此可以将多个图层编成组，这样图层组将图层分类管理后，在对许多图层进行同一操作时，只需要对组进行操作，从而大大提高了图层较多的图像的编辑工作效率，而为组编辑一个合适的名称也更方便查找。

案例 38
智能对象图层

素材位置	素材文件 >CH05>07.jpg、08.png、09.jpg
实例位置	实例文件 >CH05> 智能对象图层 .psd
视频名称	智能对象图层 .mp4
技术掌握	掌握智能对象图层的使用方法

（扫码观看视频）

【操作分析】

在Photoshop CS6中可以将某一个图层转换为智能对象，并对其进行各种滤镜的操作。对智能对象的滤镜操作是一种无损的操作，还可以随时直接改变滤镜的各种参数。图层的智能对象不仅可以使用在普通图层中，还可以用于【背景】图层。

最终效果图

【重要命令】

（1）创建智能对象

第1种：执行【文件】>【打开为智能对象】菜单命令，可以选择一个图像作为智能对象打开，如图5-65和图5-66所示；打开以后，在【图层】面板中的智能对象图层的缩略图右下角会出现一个智能对象图标，如图5-67所示。

图5-65   图5-66   图5-67

第2种：先打开一个图像，如图5-68和图5-69所示，然后执行【文件】>【置入】菜单命令，如图5-70所示；接着在【置入】对话框中选择一个图像作为智能对象置入当前文档中，或者直接将图片拖入当前文档中，置入的智能对象在Photoshop的操作界面会出现边框和两条对角线，如图5-71所示；按Enter键可以取消边框和对角线，图层如图5-72所示，效果如图5-73所示。

图5-68   图5-69   图5-70

图5-71   图5-72   图5-73

第3种：在【图层】面板中选择一个图层，然后执行【图层】>【智能对象】>【转换为智能对象】菜单命令，或者在图层名称上单击鼠标右键，然后在打开的菜单中选择【转换为智能对象】命令，如图5-74所示。

图5-74

如果需要将智能对象转换为普通图层，可以执行【图层】>【智能对象】>【栅格化】菜单命令，或是在图层名称上单击鼠标右键，然后在打开的菜单中选择【栅格化图层】命令，如图5-75所示；转换为普通图层以后，原始图层缩略图上的智能对象标志也会消失，如图5-76所示。

图5-75　　　　　　　　　　图5-76

（2）复制智能对象

在【图层】面板中选择智能对象图层，然后执行【图层】>【智能对象】>【通过拷贝新建智能对象】菜单命令，可以复制一个智能对象。当然也可以将智能对象图层拖曳到【图层】面板底部的【创建新图层】按钮上，或者直接按组合键Ctrl+J也可以复制智能对象。

（3）替换智能对象

创建智能对象以后，如果对其不满意，我们还可以执行【图层】>【智能对象】>【替换内容】菜单命令将其替换为其他智能对象，如图5-77所示。

图5-77

【操作步骤】

01 按组合键Ctrl+N新建一个大小为5200像素×3380像素、【分辨率】为300像素/英尺、【背景内容】为白色的文档，然后执行【文件】>【置入】菜单命令，接着在【置入】对话框中选择"下载资源"中的"素材文件>CH05>素材07.jpg、素材08.png"文件，最后单击【置入】按钮，效果如图5-78所示，图层如图5-79所示。

02 选中【素材07】智能对象，然后按组合键Ctrl+J将其复制，得到【素材07副本】图层，图层如图5-80所示。

图5-78

图5-79

图5-80

5

图层

03 继续选中【素材07】图层，然后执行【图层】>【智能对象】>【替换内容】菜单命令，如图5-81所示，然后在【置入】对话框中选择"下载资源"中的"素材文件>CH05>素材09.jpg"文件，此时【素材07】智能对象将被替换成素材"素材09.jpg"，但是图层名称不会改变，图层如图5-82所示，最终效果如图5-83所示。

Photoshop CS6 完全自学案例教程（微课版）

图5-81　　　　　　　　　　图5-82　　　　　　　　　　　　图5-83

TIPS

注意，如果在替换智能对象时，要保留需要替换的智能对象的复制图层，只需将复制的智能对象图层转换为普通图层，如图5-84所示；转换为普通图层以后，再替换智能对象，复制图层将不会被替换，如图5-85所示。

图5-84　　　　　　　　　　　图5-85

导出智能对象

（1）在【图层】面板中选中智能对象，然后执行【图层】>【智能对象】>【导出内容】菜单命令，可以将智能对象以原始植入格式进行导出。如果智能对象是利用图层来创建的，那么导出时应以PSB格式进行导出。

（2）为智能对象添加智能滤镜

应用于智能对象的任何滤镜都是智能滤镜，智能滤镜属于【非破坏性滤镜】。由于智能滤镜的参数是可以调整的，因此可以调整智能滤镜的作用范围，对其进行移除、隐藏等操作，如图5-86所示。

图5-86

【案例总结】

智能对象是包含栅格或矢量图像中的图像数据的图层，它可以保留图像的源内容及其所有的原始特性，因此智能对象图层所执行的操作都是非破坏性操作。如果处理图像时需要保留图像的源内容和所有的原始特性，就可以将图像转换为智能对象。

案例 39
填充图层：制作画布效果

素材位置	素材文件 >CH05>10.jpg
实例位置	实例文件 >CH05> 制作画布效果 .psd
视频名称	制作画布效果 .mp4
技术掌握	掌握填充图层的方法

（扫码观看视频）

最终效果图

【操作分析】

　　填充图层是一种比较特殊的图层，它是通过新建图层来填充图层，可以使用纯色、渐变或图案填充。与调整图层不同，填充图层不会影响它们下面的图层。

【重要命令】

　　执行【图层】>【新建填充图层】>【纯色】菜单命令，可以用纯色（一种颜色）填充图层，并且可以为下一图层创建剪贴蒙版。

　　执行【图层】>【新建填充图层】>【渐变】菜单命令，可以用一种渐变色填充图层，并且可以为下一图层创建剪贴蒙版。

　　执行【图层】>【新建填充图层】>【图案】菜单命令，可以用一种图案填充图层，并且可以为下一图层创建剪贴蒙版。

> **TIPS**
>
> 　　填充图层也可以直接在【图层】面板中进行创建，单击【图层】面板底部的【创建新的填充或调整图层】按钮 ，在打开的菜单中选择相应的命令即可，如图5-87所示。
>
>
>
> 图5-87

【操作步骤】

01 打开"下载资源"中的"素材文件>CH05>素材10.jpg"文件，如图5-88所示。

图5-88

5
图层

117

02 执行【图层】>【新建填充图层】>【纯色】菜单命令，如图5-89所示；然后在打开的【新建图层】对话框中单击【确定】按钮 ⌐ 确定 ⌐，如图5-90所示。

03 在打开的【拾色器（纯色）】对话框中拾取颜色（C：54，M：58，Y：81，K：7），如图5-91所示；然后设置该图层的【混合模式】为【强光】，效果如图5-92所示。

图5-89 图5-90 图5-91 图5-92

04 执行【图层】>【新建填充图层】>【渐变】菜单命令，如图5-93所示；然后在打开的【新建图层】对话框中单击【确定】按钮 ⌐ 确定 ⌐，如图5-94所示。

图5-93 图5-94

05 在打开的【渐变填充】对话框中单击【渐变】后面的【点按可编辑渐变】按钮 ▬▬▬▬▬ ▾，然后在打开的【渐变编辑器】中设置【预设】为【前景色到透明渐变】，接着设置【色标位置】为0%的颜色为（C：6，M：23，Y：46，K：0），再在【渐变填充】对话框中设置【样式】为【线性】，并勾选【反向】，设置如图5-95所示；最后设置该图层的【混合模式】为【强光】，效果如图5-96所示。

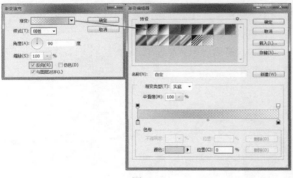 

图5-95 图5-96

06 执行【图层】>【新建填充图层】>【图案】菜单命令，如图5-97所示；然后在打开的【新建图层】对话框中单击【确定】按钮 ⌐ 确定 ⌐，如图5-98所示。

图5-97 图5-98

07 在打开的【图案填充】对话框中设置【图案】为【深色粗织物（176×178像素，灰度模式）】，并设置【缩放】为100%，设置如图5-99所示；然后设置该图层的【混合模式】为【柔光】，图层如图5-100所示，最终效果如图5-101所示。

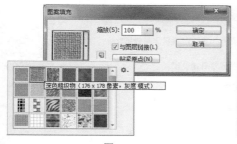

| 图5-99 | 图5-100 | 图5-101 |

【案例总结】

　　本案例主要是针对填充图层的功能，来新建填充图层调整图像的颜色，并制作出特殊的画布效果，使图像看起来如同真实地画在画布上的一样，且在操作的同时可以不损坏原始图像的内容。

课后习题：
制作彩色渐变人像图片

实例位置	实例文件 >CH06> 制作彩色渐变人像图片 .psd
素材位置	素材文件 >CH06>11.jpg
视频名称	制作彩色渐变人像图片 .mp4

（扫码观看视频）

　　这是一个填充图片颜色的练习，制作思路如图5-102所示。

　　打开素材图片，然后执行【图层】>【新建填充图层】>【纯色】菜单命令，给图片填充纯色，并修改图层的【混合模式】，接着执行【图层】>【新建填充图层】>【渐变】菜单命令，给图片填充渐变色，最后修改图层的【混合模式】。

最终效果图

图5-102

案例 40
调整图层：晚霞照射效果

素材位置	素材文件 >CH05>12.jpg
实例位置	实例文件 >CH05> 晚霞照射效果 .psd
视频名称	晚霞照射效果 .mp4
技术掌握	掌握调整图层的方法

（扫码观看视频）

最终效果图

【操作分析】

调整图层是一种非常重要而又特殊的图层，它能够同时调整多个图层的颜色或色调，并且不会修改图像中的像素。调整图层具有灵活性的优点，在调整中可以根据需要为调整图层增加蒙版以屏蔽对某些区域的调整，或调整不透明度以降低调整图层的调整强度。同时还可以根据需要随时改变调整图层所保存的调整命令的参数，以改变图像的效果，从而使图像的颜色调整操作更加灵活。

【重要命令】

新建调整图层的方法共有以下3种。

第1种：执行【图层】>【新建调整图层】菜单下的调整命令，如图5-103所示。

第2种：在【图层】面板底部单击【创建新的填充或调整图层】按钮 ，然后在打开的菜单中选择相应的调整命令，如图5-104所示。

图5-103　　　　　　图5-104

第3种：执行【窗口】>【调整】菜单命令打开【调整】面板，如图5-105所示，其面板菜单如图5-106所示；在【调整】面板中单击相应的按钮，可以打开【属性】面板并在其中修改参数，如图5-107所示；然后创建相应的调整图层，也就是说，这些按钮与【图层】>【新建调整图层】菜单下的命令相对应。

图5-105

【属性】面板选项介绍

◆ **单击可剪切到图层**

: 单击该按钮，可以将调整图层设置为下一图层的剪贴蒙版，让该调整图层只作用于它下面的一个图层；再次单击该按钮，调整图层会影响下面的所有图层。

图5-106

单击可剪切到图层
查看上一状态
复位到调整默认值
删除此调整图层
切换图层可见性

图5-107

◆ **查看上一状态** : 单击该按钮，可以在文档窗口中查看图像的上一个调整效果，以比较两种不同的调整效果。

◆ **复位到调整默认值** : 单击该按钮，可以将调整参数恢复到默认值。

◆ **切换图层可见性** : 单击该按钮，可以隐藏或显示调整图层。

◆ **删除此调整图层** : 单击该按钮，可以删除当前调整图层。

> **TIPS**
>
> 调整图层与调色命令
>
> 在Photoshop中，调整图像色彩的基本方法共有以下两种。
>
> 第1种：直接执行【图像】>【调整】菜单下的调色命令进行调节，这种方式属于不可修改方式，也就是说，一旦调整了图像的色调，就不可以再重新修改调色命令的参数。
>
> 第2种：使用调整图层，这种方式属于可修改方式，也就是说，如果对调色效果不满意，还可以重新对调整图层的参数进行修改，直到满意为止。
>
> 调整图层的优点：
>
> 第1点：编辑不会造成图像的破坏。可以随时修改调整图层的相关参数值，并且可以修改其【混合模式】与【不透明度】。
>
> 第2点：编辑具有选择性。在调整图层的蒙版上绘画，可以将调整应用于图像的一部分。
>
> 第3点：能够将调整应用于多个图层。调整图层不仅仅可以只对一个图层产生作用（创建剪贴蒙版），还可以对下面的所有图层产生作用。

【操作步骤】

01 打开"下载资源"中的"素材文件>CH05>素材12.jpg"文件，如图5-108所示。

02 单击【调整】面板中的【色彩平衡】按钮 ，然后在打开的【属性】对话框中设置【青色-红色】为45、【洋红-绿色】为−38、【黄色-蓝色】为−70，设置如图5-109所示，效果如图5-110所示。

图5-108　　　　　　　　　图5-109　　　　　　　　　图5-110

03 单击【调整】面板中的【曝光度】按钮▣，然后在打开的【属性】面板中设置【曝光度】为0.12，设置如图5-111所示，效果如图5-112所示。

图5-111 　　　　　　　　　　　　　　　 图5-112

04 单击【调整】面板中的【亮度/对比度】按钮▣，然后在打开的【属性】面板中设置【亮度】为12、【对比度】为25，设置如图5-113所示，图层如图5-114所示，最终效果如图5-115所示。

图5-113 　　　　　　　 图5-114 　　　　　　 图5-115

 TIPS

　　了解更多【新建调整图像】菜单命令的功能可以参见本书第6章图像色彩与调色。

【案例总结】

　　本案例主要是针对调整图层的功能来新建调整图层，进而对图层进行【对比度/亮度】【曝光度】【色彩平衡】等方面的调整，使图像呈现出晚霞照射的效果。

课后习题：
制作暖色调图片

实例位置	实例文件 >CH06> 制作暖色调图片 .psd
素材位置	素材文件 >CH06>13.jpg
视频名称	制作暖色调图片 .mp4

（扫码观看视频）

最终效果图

这是一个制作暖色调图片的练习，制作思路如图5-116所示。

打开素材图片，然后执行【图层】>【新建调整图层】>【色彩平衡】菜单命令，然后在打开的【属性】面板中设置参数值。

图5-116

案例 41
图层样式：制作中文浮雕文字

素材位置	素材文件 >CH05>14.psd
实例位置	实例文件 >CH05> 制作中文浮雕文字 .psd
视频名称	制作中文浮雕文字 .mp4
技术掌握	掌握图层样式的使用方法

（扫码观看视频）

【操作分析】

【图层样式】也称【图层效果】，它是制作纹理、质感和特效的灵魂，可以为图层中的图像添加投影、发光、浮雕、光泽、描边等效果，以创建出诸如金属、玻璃、水晶，以及具有立体感的特效。

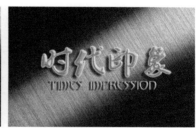

最终效果图

【重要命令】

（1）添加图层样式

如果要为一个图层添加图层样式，先要打开【图层样式】对话框。打开【图层样式】对话框的方法主要有以下3种。

第1种：执行【图层】>【图层样式】菜单命令的子命令，如图5-117所示；此时将打开【图层样式】对话框，如图5-118所示。

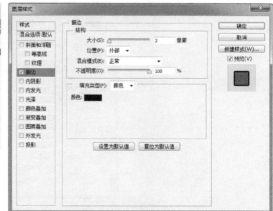

图5-117　　　　　　　图5-118

第2种：在【图层】面板下单击【添加图层样式】按钮 *fx*，在打开的菜单中选择一种样式，即可打开【图层样式】对话框，如图5-119所示。

第3种：在【图层】面板中双击需要添加样式的图层缩略图，也可以打开【图层样式】对话框。

图5-119

（2）【图层样式】对话框

【图层样式】对话框的左侧列出了10种样式，如图5-120所示。样式名称前面的复选框内有√标记，表示在图层中添加了该样式。

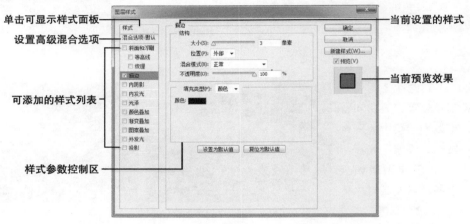

图5-120

单击一个样式的名称，可以选中该样式，同时切换到该样式的设置面板，如图5-121所示。

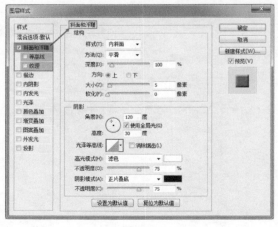

图5-121

Photoshop CS6 完全自学案例教程（微课版）

在【图层样式】对话框中设置好样式参数以后，单击【确定】按钮 确定 即可为选定图层添加样式。添加了样式的图层的右侧会出现一个 *fx* 图标，如图5-122所示。另外，单击 图标可以折叠或展开图层样式列表。

斜面和浮雕

使用【斜面和浮雕】样式可以为图层添加高光与阴影，使图像产生立体的浮雕效果，其参数设置面板如图5-123所示。

在【斜面和浮雕】面板中可以设置浮雕的结构和阴影，如图5-124所示。

图5-122

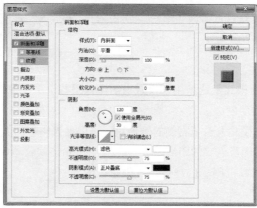

图5-123

图5-124

【斜面和浮雕】选项介绍

◆ **样式**：选择斜面和浮雕的样式。选择【外斜面】，可以在图层内容的侧边缘创建斜面；选择【内斜面】，可以在图层内容的内侧边缘创建斜面；选择【浮雕效果】，可以使图层内容相对于下层图层产生浮雕状的效果；选择【浮雕效果】，可以使图层内容相对于下层图层产生浮雕状的效果；选择【枕状浮雕】，可以模拟图层内容的边缘嵌入到下层图层中产生的效果；选择【描边浮雕】，可以将浮雕应用于图层的【描边】样式的边界（注意，如果图层没有【描边】样式，则不会产生效果）。

◆ **方法**：用来选择创建浮雕的方法。选择【平滑】，可以得到比较柔和的边缘；选择【雕刻清晰】，可以得到最精确的浮雕边缘；选择【雕刻柔和】，可以得到中等水平的浮雕效果。

◆ **深度**：用来设置浮雕斜面的应用深度，该值越高，浮雕的立体感越强。

◆ **方向**：用来设置高光和阴影的位置。该选项与光源的角度有关，比如设置【角度】为120°时，选择【上】方向，那么阴影位置就位于下面；选择【下】方向，阴影位置则位于上面。

◆ **大小**：该选项表示斜面和浮雕的阴影面积的大小。

◆ **软化**：用来设置斜面和浮雕的平滑程度。

◆ **角度/高度**：这两个选项用于设置光源的发光角度和光源的高度。

◆ **光泽等高线**：选择不同的等高线样式，可以为斜面和浮雕的表面添加不同的光泽质感，也可以自己编辑等高线样式。

描边

【描边】样式可以使用颜色、渐变色及图案来描绘图像的轮廓边缘，其面板如图5-125所示。

图5-125

【描边】选项介绍

◆ **位置**：选择描边的位置。

◆ **混合模式**：设置描边效果与下层图像的混合模式。

◆ **填充类型**：设置描边的填充类型，包含【颜色】【渐变】
和【图案】3种类型。

内阴影

【内阴影】样式可以在紧靠图层内容的边缘内添加阴影，
使图层内容产生凹陷效果，其参数设置面板如图5-126所示。

图5-126

【内阴影】选项介绍

◆ **混合模式/不透明度**：【混合模式】选项用来设置内阴影效果与下层图像的混合模式，【不透明度】
选项用来设置内阴影效果的不透明度。

◆ **设置阴影颜色**：单击【混合模式】选项右侧的颜色块，可以设置阴影的颜色。

◆ **距离**：用来设置内阴影偏移图层内容的距离。

◆ **大小**：用来设置内阴影的模糊范围，值越低，内阴影越清
晰，反之内阴影的模糊范围越广。

◆ **杂色**：用来在内阴影中添加杂色。

内发光

使用【内发光】样式可以沿图层内容的边缘向内创建发光
效果，其参数设置面板如图5-127所示。

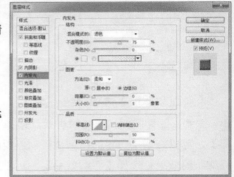

图5-127

内发光选项介绍

◆ **设置发光颜色**：单击【杂色】选项下面的颜色块，可以设置内发光颜色；单击颜色块后面的渐变
条，可以在【渐变编辑器】对话框中选择或编辑渐变色。

◆ **方法**：用来设置发光的方式。选择【柔和】选项，发光效果比较柔和；选择【精确】选项，可以得
到精确的发光边缘。

◆ **源**：用于选择内发光的位置，包含【居中】和【边缘】两种方式。

◆ **范围**：用于设置内发光的发光范围。值越低，内发光范围越大，发光效果越清晰；值越高，内发光
范围越低，发光效果越模糊。

光泽

使用【光泽】样式可以为图像添加光滑的具有光泽的内部阴影，通常用来制作具有光泽质感的按钮
和金属。

颜色叠加

使用【颜色叠加】样式可以在图像上叠加设置的颜色效果。

渐变叠加

使用【渐变叠加】样式可以在图层上叠加指定的渐变色效果。

图案叠加

使用【图案叠加】样式可以在图像上叠加设置的图案效果。

外发光

使用【外发光】样式可以沿图层内容的边缘向外创建发光效果，其参数设置面板如图5-128所示。

【外发光】选项介绍

◆ **扩展/大小**：【扩展】选项用来设置发光范围的大小；【大小】选项用来设置光晕范围的大小。这两个选项是有很大关联的，比如设置【大小】为12像素，设置【扩展】为0%，可以得到最柔和的外发光效果；而设置【扩展】为100%，则可以得到宽度为12像素的、类似于描边的效果。

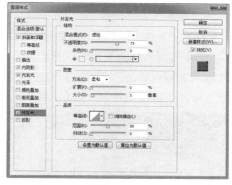

图5-128

投影

使用【投影】样式可以为图层添加投影，使其产生立体感。

（3）编辑图层样式

为图层添加图层样式以后，如果对样式效果不满意，我们还可以重新对其进行编辑，以得到最佳的样式效果。

显示与隐藏图层样式

如果要隐藏一个样式，可以单击关闭该样式面前的眼睛 ◉ 图标；如果要隐藏某个图层中的所有样式，可以单击关闭【效果】前面的眼睛 ◉ 图标。

TIPS

如果要隐藏整个文档中的图层的图层样式，可以执行【图层】>【图层样式】>【隐藏所有效果】菜单命令。

修改图层样式

如果要修改某个图层样式，可以执行【图层】>【图层样式】下的子命令或在【图层】面板中双击该样式的名称，然后在打开的【图层样式】对话框中重新进行编辑。

复制/粘贴图层样式

如果要将某个图层的样式复制给其他图层，可以选择该图层，然后执行【图层】>【图层样式】>【拷贝复制图层样式】菜单命令，接着选择目标图层，再执行【图层】>【图层样式】>【粘贴图层样式】菜单命令，或者在目标图层的名称上单击鼠标右键，在打开的菜单中选择【粘贴图层样式】命令即可。

清除图层样式

如果要删除某个图层样式，只需要将该样式拖曳到【删除图层】按钮 🗑 上即可。

缩放图层样式

将一个图层A的样式复制并粘贴给另外一个图层B后，图层B中的样式将保持与图层A样式相同的大小比例。

比如，将大文字的图层样式复制并粘贴给小文字图层，虽然大文字图层的尺寸比小文字图层大得多，但复制给小文字图层的样式的大小比例不会发生变化，为了让样式与小文字图层的尺寸比例相匹配，就需要缩小小文字图层的样式比例。缩放方法是选择小文字图层，然后执行【图层】>【图层样式】>【缩放效果】菜单命令，接着在打开的【缩放图层效果】对话框中对【缩放】数值进行设置，最后单击【确定】按钮 确定 即可，如图5-129所示。

图5-129

【操作步骤】

▨ 打开"下载资源"中的"素材文件>CH05>素材14.psd"文件，如图5-130所示。

▨ 选中【时代印象】图层，然后双击文字图层打开图层样式面板，接着勾选【斜面和浮雕】，设置【样式】为内斜面、【方法】为雕刻清晰、【深度】为439%、大小为8像素，最后勾选【等高线】选项，设置如图5-131所示，效果如图5-132所示。

图5-130

图5-131

图5-132

▨ 单击【内发光】样式，设置【发光颜色】为白色，设置如图5-133所示，效果如图5-134所示。

图5-133

图5-134

▨ 单击【颜色叠加】样式，设置【叠加颜色】为（C：47，M：39，Y：37，K：0），设置如图5-135所示，效果如图5-136所示。

图5-135

图5-136

▨ 勾选【外发光】样式，效果如图5-137所示；然后单击【投影】样式，设置【角度】为30度、【距离】为17像素、【大小】为9像素，设置如图5-138所示，效果如图5-139所示。

图5-137

图5-138

图5-139

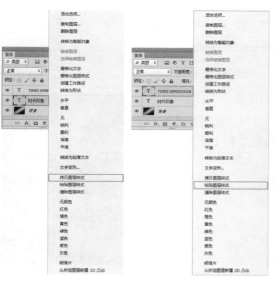

06 选中【时代印象】图层，然后在图层名称上单击鼠标右键，并在打开的菜单中选择【拷贝图层样式】命令，如图5-140所示；接着选中【TIMES IMPRESSION】图层，再在图层名称上单击鼠标右键，最后在打开的菜单中选择【粘贴图层样式】命令，如图5-141所示，图层如图5-142所示，效果如图5-143所示。

图5-140　　　　　　图5-141　　　　　　图5-142　　　　　　图5-143

07 将图层样式【内发光】和【外发光】拖曳到【图层】面板下方的【删除图层】按钮 上删除，如图5-144和图5-145所示，效果如图5-146所示。

图5-144　　　　　　图5-145　　　　　　图5-146

08 执行【图层】>【图层样式】>【缩放效果】菜单命令，如图5-147所示，然后在打开的【缩放图层效果】对话框中设置【缩放】数值为40%，最后单击【确定】按钮 确定 即可，如图5-148所示，图层如图5-149所示，最终效果如图5-150所示。

图5-147　　　　　　图5-148　　　　　　图5-149　　　　　　图5-150

【案例总结】

　　本案例主要是使用【图层样式】的一些功能来制作浮雕文字，然后将图层样式拷贝粘贴到其他图层的文字上，最后通过调节使这些图层样式更加适合目标图层，最终制作效果逼真且具有质感。

课后习题：
制作英文浮雕文字

实例位置	实例文件 >CH06> 制作英文浮雕文字 .psd
素材位置	素材文件 >CH06>15.psd
视频名称	制作英文浮雕文字 .mp4

（扫码观看视频）

这是一个给文字制作效果的练习，制作思路如图5-151所示。

打开素材文件，然后选中文字图层，接着双击图层打开【图层样式】对话框，最后在对话框中设置【斜面和浮雕】【描边】【内发光】【外发光】样式的参数。

最终效果图

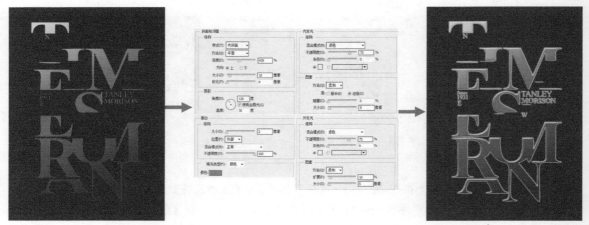

图5-151

案例 42
图层的混合模式：制作单色图片

素材位置	素材文件 >CH05>16.jpg
实例位置	实例文件 >CH05> 制作单色图片 .psd
视频名称	制作单色图片 .mp4
技术掌握	掌握图层混合模式的使用方法

（扫码观看视频）

最终效果图

【操作分析】

　　【混合模式】是Photoshop的一项非常重要的功能，它决定了当前图像的像素与下面图像的像素的混合模式，可以用来创建各种特效，并且不会损坏原始图像的任何内容。在绘画工具和修饰工具的选项栏，以及【渐变】【填充】【描边】命令和【图层样式】对话框中都包含混合模式。

【重点工具】

　　单击【图层】面板顶部的【设置图层的混合模式】按钮，可以设置图层的混合模式。图层的【混合模式】分为6组，共27种，如图5-152所示。

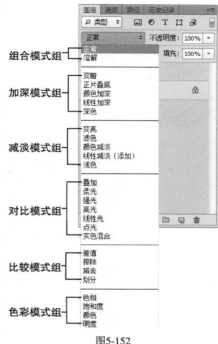

图5-152

各组混合模式介绍

◆ **组合模式组**：该组中的混合模式需要降低图层的【不透明度】或【填充】数值才能起作用，这两个参数的数值越低，就越能看到下面的图像。

◆ **加深模式组**：该组中的混合模式可以使图像变暗。在混合过程中，当前图层的白色像素会被下层较暗的像素替代。

◆ **减淡模式组**：该组与加深模式组产生的混合效果完全相反，它们可以使图像变亮。在混合过程中，图像中的黑色像素会被较亮的像素替换，而任何比黑色亮的像素都可能提亮下层图像。

◆ **对比模式组**：该组中的混合模式可以加强图像的差异。在混合时，50%的灰色会完全消失，任何亮度值高于50%灰色的像素都可能提亮下层的图像，亮度值低于50%灰色的像素则可能使下层图像变暗。

◆ **比较模式组**：该组中的混合模式可以比较当前图像与下层图像，将相同的区域显示为黑色，不同的区域显示为灰色或彩色。如果当前图层中包含白色，那么白色区域会使下层图像反相，而黑色不会对下层图像产生影响。

◆ **色彩模式组**：使用改组中的混合模式时，Photoshop会将色彩分为【色相】【饱和度】和【亮度】3种成分，然后再将其中一种或两种应用在混合后的图像中。

重要混合模式介绍

◆ **正常**：这种模式是Photoshop默认的模式。在正常情况下（【不透明度】为100%），上层图像将完全遮盖住下层图像，只有降低【不透明度】数值以后才能与下层图像相混合。

◆ **溶解**：在【不透明度】和【填充】数值为100%时，该模式不会与下层图像相混合，只有这两个数值中的其中一个或两个低于100%时才能产生效果，使透明区域上的像素发生离散。

◆ **变暗**：比较每个通道中的颜色信息，并选择基色或混合色中较暗的颜色作为结果色，同时替换比混合色亮的像素，而比混合色暗的像素保持不变。

◆ **正片叠底**：任何颜色与黑色混合产生黑色，与白色混合则保持不变。

◆ **颜色加深**：通过增加上下层图像之间的对比度使像素变暗，与白色混合后不产生变化。

◆ **线性加深**：通过减小亮度使像素变暗，与白色混合不产生变化。

◆ **深色**：通过对比两个图像的所有通道的数值的总和，然后显示数值较小的颜色。

◆ **滤色**：与黑色混合时颜色保持不变，与白色混合时产生白色。

5

图层

◆ **叠加**：对颜色进行过滤并提亮上层图像，具体取决于底层颜色，同时保留底层图像的敏感对比。

◆ **柔光**：使颜色变暗或变亮，具体取决于当前图像的颜色。如果上层图像比50%灰色亮，则图像变亮；如果上层图像比50%灰色暗，则图像变暗。

◆ **强光**：对颜色进行过滤，具体取决于当前图像的颜色。如果上层图像比50%灰色亮，则图像变亮；如果上层图像比50%灰色暗，则图像变暗。

◆ **亮光**：通过增加或减小对比度来加深或减淡颜色，具体取决于上层图像的颜色。如果上层图像比50%灰色亮，则图像变亮；如果上层图像比50%灰色暗，则图像变暗。

◆ **线性光**：通过减小或增加亮度来加深或减淡颜色，具体取决于上层图像的颜色。如果上层图像比50%灰色亮，则图像变亮；如果上层图像比50%灰色暗，则图像变暗。

◆ **点光**：根据上层图像的颜色来替换颜色。如果上层图像比50%灰色亮，则替换比较暗的像素；如果上层图像比50%灰色暗，则替换较亮的像素。

【操作步骤】

01 打开"下载资源"中的"素材文件>CH05>素材16.jpg"文件，如图5-153所示。

图5-153

02 按组合键Ctrl+J将【背景】图层复制一层，然后按组合键Shift+Ctrl+U将图像去色，使其成为灰色图像，如图5-154所示。

图5-154

03 新建一个【上色】图层，然后设置前景色为紫色（C：21，M：42，Y：0，K：0），接着按组合键 Alt+Delete填充前景色，效果如图5-155所示。

04 设置【上色】图层的【混合模式】为【柔光】、【不透明度】为86%，如图5-156所示，效果如图5-157所示。

图5-155   图5-156

图5-157

05 使用【横排文字工具】[T]在图像的右下侧输入Monochrome，然后设置【混合模式】为【柔光】，最终效果如图5-158所示。

图5-158

【案例总结】

　　单色图片通常能够体现某种特殊的意味，本案例主要是使用【去色】命令和【柔光】模式将多彩图片转为单色图片。

课后习题：
制作五彩人像图片

实例位置	实例文件 >CH06> 制作五彩人像图片 .psd
素材位置	素材文件 >CH06>17.jpg
视频名称	制作五彩人像图片 .mp4

（扫码观看视频）

最终效果图

这是一个制作五彩图片的练习，制作思路如图5-159所示。

打开素材图片，复制【背景】图层，并为复制图层【去色】，然后新建一个图层，接着使用【渐变工具】 ▣填充图层，最后设置图层的【混合模式】为【柔光】。

图5-159

图像色彩与调色

　　Photoshop中对图像色彩和色调的控制是图像编辑的关键，它直接关系到图像最后的效果，只有有效地控制图像的色彩和色调，才能制作出高品质的图像。Photoshop提供了非常完美的色彩和色调的调整功能，可以快捷地调整图像的颜色和色调。

本章学习要点

- ➡ 掌握色彩的相关知识
- ➡ 图像的明暗调整
- ➡ 图像的色彩调整
- ➡ 特殊色调的调整

素材位置	素材文件 >CH06>01.jpg
实例位置	实例文件 >CH06> 打造透亮的花瓣效果 .psd
视频名称	打造透亮的花瓣效果 .mp4
技术掌握	掌握亮度 / 对比度命令的使用方法

（扫码观看视频）

最终效果图

【操作分析】

明暗调整命令主要是用于调整太亮和太暗的图像。很多图像由于外界因素的影响，会出现曝光不足或曝光过度的现象，这时就可以利用明暗调整来处理图像，最终到达理想的效果。而使用【亮度/对比度】命令可以对图像的色调范围进行简单的调整。

【重点命令】

执行【图像】>【调整】>【亮度/对比度】菜单命令，可以调整图像亮度和对比度，其对话框如图6-1所示。

图6-1

【亮度/对比度】对话框选项介绍

◆ **亮度**：用来设置图像的整体亮度。数值为负值时，表示降低图像的亮度；数值为正值时，表示提高图像的亮度。

◆ **对比度**：用于设置图像亮度对比度的强烈程度。数值越低，对比度越低；数值越高，对比度越高。

【操作步骤】

01 打开"下载资源"中的"素材文件>CH06>素材01.jpg"文件，如图6-2所示。

02 执行【图像】>【调整】>【亮度/对比度】菜单命令，如图6-3所示。

图6-2　　　　　　　　　　　　　图6-3

136

03 在打开的【亮度/对比度】对话框中设置【亮度】为45、【对比度】为−40，如图6-4所示;然后单击【确定】按钮 确定 ，效果如图6-5所示。

图6-4

图6-5

【案例总结】

使用【亮度/对比度】命令是对图像的色调范围进行调整的最简单的方法，可以一次调整图像中的所有像素的高光、中间区域和暗调，但对单个通道不起作用。案例中使用【亮度/对比度】命令使光线较暗的图像变得明亮且颜色鲜艳，看起来更自然美观。

课后习题：调整花朵的亮度	实例位置	实例文件 >CH06> 调整花朵的亮度 .psd
	素材位置	素材文件 >CH06>02.jpg
	视频名称	调整花朵的亮度 .mp4

（扫码观看视频）

最终效果图

这是一个将光线比较暗的图像调亮的练习，制作思路如图6-6所示。

打开素材图像，然后单击【调整】面板中的【亮度/对比度】按钮，接着在打开的【属性】面板中设置参数，将图像光线调亮。

图6-6

素材位置	素材文件 >CH06>03.jpg
实例位置	实例文件 >CH06> 处理人物照片 .psd
视频名称	处理人物照片 .mp4
技术掌握	掌握色阶命令的使用方法

案例 44
色阶：处理人物照片

（扫码观看视频）

最终效果图

【操作分析】

　　【色阶】命令是一个非常强大的颜色与色调调整工具，它可以对图像的阴影、中间调和高光强度级别进行调整，从而校正图像的色调范围和色彩平衡。另外，【色阶】命令还可以分别对各个通道进行调整，以校正图像的色彩。

【重点命令】

　　执行【图像】>【调整】>【色阶】菜单命令，可以调整图像的明暗效果，组合键为Ctrl+L，其对话框如图6-7所示。

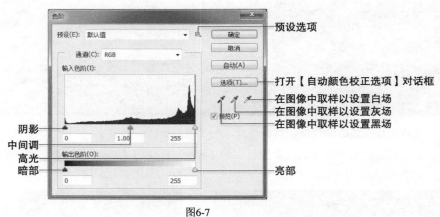

图6-7

【色阶】对话框选项介绍

◆ 预设：单击【预设】下拉列表，可以选择一种预设的色阶调整选项来对图像进行调整。

◆ 预设选项：单击该按钮，可以对当前设置的参数进行保存，或载入一个外部的预设调整文件。

◆ 通道：在【通道】下拉列表中可以选择一个通道来对图像进行调整，以校正图像的颜色。

◆ 吸管工具：包括在图像中取样以设置黑场、在图像中取样以设置灰场和在图像中取样以设置白场。

　　选择【在图像中取样以设置黑场】吸管工具在图像中单击取样，可以将单击点处的像素调整为黑色，同时图像中比该单击点暗的像素也会变成黑色；选择【在图像中取样以设置灰场】吸管工具在图像中单击取样，可根据单击点像素的亮度来调整其他中间调的平均亮度；选择【在图像中取样以设置白场】吸管工具✐在图像中单击取样，可以将单击点处的像素调整为白色，同时图像中比该单击点亮的像素也会变成白色。

图6-8所示为原图，打开【色阶】对话框，选择【在图像中取样以设置黑场】吸管工具✐在图像上单击，如图6-9所示；选择【在图像中取样以设置灰场】吸管工具✐在图上单击如图6-10所示；选择【在图像中取样以设置白场】吸管工具✐在图像上单击，如图6-11所示。

图6-8

图6-9

图6-10

图6-11

输入色阶>输出色阶：通过调整输入色阶和输出色阶下方相对应的滑块，可以调整图像的亮度和对比度。

【操作步骤】

01 打开"下载资源"中的"素材文件>CH06>素材03.jpg"文件，如图6-12所示。

图6-12

02 执行【图像】>【调整】>【色阶】菜单命令,如图6-13所示;然后在打开的【色阶】对话框中设置【中间调】为1.4、【高光】为235,如图6-14所示;接着单击【确定】按钮 确定 ,效果如图6-15所示。

图6-13 图6-14 图6-15

03 选择【套索工具】 ，在其选项栏中设置【羽化】为100,然后在图像中人物面部阴影区域绘制选区,如图6-16所示;接着按组合键Ctrl+L打开【色阶】对话框,并在对话框中设置【中间调】为1.2、【高光】为220,如图6-17所示;最后单击【确定】按钮 确定 ,效果如图6-18所示。

04 按组合键Ctrl+D取消选择,最终效果如图6-19所示。

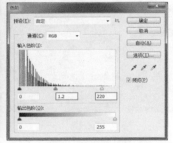

图6-16 图6-17

图6-18 图6-19

【案例总结】

　　【色阶】命令用于调节图像的色调对比度和明暗度。明暗度又分为阴影、中间区和高光3个部分,使用【色阶】命令可以一次性调节图像的整体亮度,还可以选定色调通道,并对特定通道的色调对比度和明暗效果进行调整。本案例首先需要将整体图像调亮，然后使用【套索工具】 框选出人物面部阴影部分，再使用【色阶】将其调亮。

<table>
<tr><td rowspan="4">课后习题：
制作早晚更替效果</td><td>实例位置</td><td>实例文件 >CH06> 制作早晚更替效果 .psd</td><td rowspan="4">

（扫码观看视频）</td></tr>
<tr><td>素材位置</td><td>素材文件 >CH06>04.jpg</td></tr>
<tr><td>视频名称</td><td>制作早晚更替效果 .mp4</td></tr>
</table>

最终效果图

这是一个制作暖色调图片的练习，制作思路如图6-20所示。

打开素材图片，然后单击【调整】面板中的【色阶】按钮 ，接着在打开的【属性】面板中选择【在图像中取样以设置白场】吸管工具 ，并在图像中的灯光边缘处单击，再选择【在图像中取样以设置灰场】吸管工具 在湖水处单击，最后调整图像的整体亮度和对比度。

图6-20

案例 45
曲线：调整风景图片的色彩

<table>
<tr><td>素材位置</td><td>素材文件 >CH06>05.jpg</td><td rowspan="4">
（扫码观看视频）</td></tr>
<tr><td>实例位置</td><td>实例文件 >CH06> 调整风景图片的色彩 .psd</td></tr>
<tr><td>视频名称</td><td>调整风景图片的色彩 .mp4</td></tr>
<tr><td>技术掌握</td><td>掌握曲线命令的使用方法</td></tr>
</table>

最终效果图

141

【操作分析】

　　【曲线】命令是最重要、最强大的调整命令，也是实际工作中使用频率最高的调整命令之一，它具备了【亮度/对比度】、【阈值】和【色阶】等命令的功能，通过调整曲线的形状，可以对图像的色调进行非常精确的调整。

【重点命令】

　　执行【图像】>【调整>【曲线】菜单命令，可以调整图像的明暗效果，组合键为Ctrl+M，其对话框如图6-21所示。

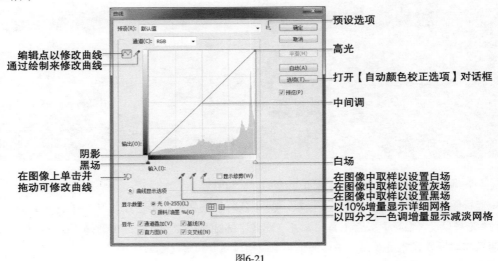

图6-21

【曲线】对话框选项介绍

◆　**预设选项**：单击该按钮，可以对当前设置的参数进行保存，或载入一个外部的预设调整文件。

◆　**通道**：在【通道】下拉列表中可以选择一个通道来对图像进行调整，以校正图像的颜色。

◆　**编辑点以修改曲线**：使用该工具在曲线上单击，可以添加新的控制点，通过拖曳控制点可以改变曲线的形状，从而达到调整图像的目的，如图6-22所示。

◆　**通过绘制来修改曲线**：使用该工具可以以手绘的方式自由绘制出曲线，绘制好曲线以后单击【编辑点以修改曲线】按钮，可以显示出曲线上的控制点，如图6-23和图6-24所示。

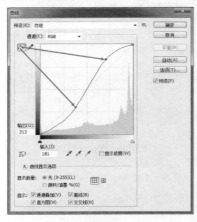
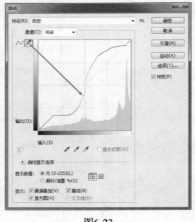
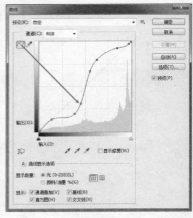

图6-22　　　　　　　　　　　图6-23　　　　　　　　　　　图6-24

【操作步骤】

01 打开"下载资源"中的"素材文件>CH06>素材05.jpg"文件，如图6-25所示。

图6-25

02 执行【图像】>【调整】>【曲线】菜单命令，如图6-26所示；然后在打开的【曲线】对话框中向上调整曲线，设置【通道】为RGB、控制点的【输出】为170和【输入】为102，如图6-27所示；接着单击【确定】按钮 确定 ，效果如图6-28所示。

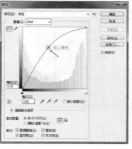

图6-26   图6-27   图6-28

6

图像色彩与调色

💡 **TIPS**

通过图像效果可以看出，在RGB颜色模式下，向上调整可以增加图像的明亮度，可以调整曝光不足或过暗的图像。

03 按住Alt键【取消】按钮 取消 自动切换为【复位】按钮，然后单击【复位】按钮将图像复位，接着向下调整曲线，设置控制点的【输出】为103、【输入】为152，如图6-29所示，效果如图6-30所示。

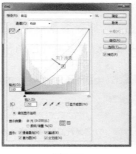

图6-29   图6-30

💡 **TIPS**

通过图像效果可以发现，在RGB颜色模式下，向下调整可以使图像变暗，可以调整曝光过度或过亮的图像。

143

04 复位图像，然后调整图像，设置高控制点的【输出】为209、【输入】为193，低控制点的【输出（O）】为34、【输入】为52，如图6-31和图6-32所示，效果如图6-33所示。

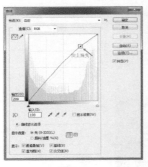 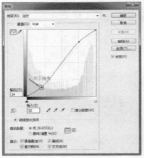 

图6-31   图6-32   图6-33

TIPS

通过图像效果可以发现，在RGB颜色模式下，"S"曲线可以使图像增强对比度，可以调整灰暗图像或对比度太弱的图像。

05 复位图像，然后调整图像，设置高控制点的【输出】为201、【输入】为220，低控制点的【输出】为32、【输入】为41，如图6-34和图6-35所示，效果如图6-36所示。

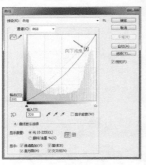 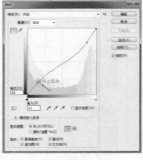 

图6-34   图6-35   图6-36

TIPS

通过图像效果可以发现，在RGB颜色模式下，反"S"曲线可以降低图像的对比度。

【案例总结】

与【色阶】命令一样，【曲线】命令也可以用来调整图像的色调范围，但是【曲线】命令不是通过定义阴影、中间区和高光3个变量来进行色调调整的，它是通过对图像的红色、绿色、蓝色、RGB四个通道中0~255范围内的任意点进行色彩调节的，从而创造出更多种色调和色彩效果。

课后习题：
打造图片光线层次感

实例位置	实例文件 >CH06> 打造图片光线层次感 .psd
素材位置	素材文件 >CH06>06.jpg
视频名称	打造图片光线层次感 .mp4

（扫码观看视频）

这是一个增加图片明暗度的练习，制作思路如图6-37所示。

打开素材图片，然后单击【调整】面板中的【曲线】按钮，接着在打开的【属性】面板中调整曲线的幅度，最后调整一下图片的亮度和对比度，使图片明亮且不突兀。

最终效果图

图6-37

案例 46
曝光度：增加人物曝光度

素材位置	素材文件 >CH06>07.jpg
实例位置	实例文件 >CH06> 增加人物曝光度 .psd
视频名称	增加人物曝光度 .mp4
技术掌握	掌握曝光度命令的使用方法

（扫码观看视频）

最终效果图

145

【操作分析】

【曝光度】命令专门用于调整HDR图像的曝光效果，它是通过在线性颜色空间（而不是当前颜色空间）执行计算而得到的曝光效果。

【重点命令】

执行【图像】>【调整】>【曝光度】菜单命令，可以调整图像曝光效果，其对话框如图6-38所示。

图6-38

【曝光度】对话框选项

◆ 曝光度：向左拖曳滑块，可以降低曝光效果；向右拖曳滑块，可以增强曝光效果。

◆ 位移：该选项主要对阴影和中间调起作用，可以使其变暗，但对高光基本不会产生影响。

◆ 灰度系数校正：使用一种乘方函数来调整图像灰度系数。

【操作步骤】

01 打开"下载资源"中的"素材文件>CH06>素材07.jpg"文件，如图6-39所示。

02 执行【图像】>【调整】>【曝光度】菜单命令，如图6-40所示。

03 在打开的【曝光度】对话框中设置【曝光度】为0.8、【位移】为-0.03、【灰度系数校正】为1.2，如图6-41所示，效果如图6-42所示。

图6-39

图6-40

图6-41

图6-42

【案例总结】

【曝光度】也可以调整图片的亮度，但是和亮度又略有不同，曝光度太大，亮度会过甚，甚至破坏图像像素，所以在设置参数时要根据图像显示效果来调整。

课后习题：修正图片颜色	实例位置	实例文件 >CH06> 修正图片颜色 .psd
	素材位置	素材文件 >CH06>08.jpg
	视频名称	修正图片颜色 .mp4

（扫码观看视频）

这是一个修正图片颜色的练习，制作思路如图6-43所示。

打开素材图片，然后单击【调整】面板中的【曝光度】按钮![img]，接着在打开的【属性】面板中调整参数，最后打开【曲线】的【属性】对话框，选择【在图像中取样以设置灰场】吸管工具![img]在图片最暗处单击，使图片中的植物颜色变绿。

图6-43

案例 47
阴影/高光：提升图片内容清晰度

素材位置	素材文件 >CH06>09.jpg
实例位置	实例文件 >CH06> 提升图片内容清晰度 .psd
视频名称	提升图片内容清晰度 .mp4
技术掌握	掌握阴影 / 高光命令的使用方法

（扫码观看视频）

【操作分析】

最终效果图

【阴影/高光】命令可以基于阴影/高光中的局部相邻像素来校正每个像素，在调整阴影区域时，对高光区域的影响小，而调整高光区域又对阴影区域的影响很小。

【重点命令】

执行【图像】>【调整】>【阴影/高光】菜单命令，可以修复图像亮部和暗部，其对话框如图6-44所示。

图6-44

【阴影/高光】对话框选项介绍

◆ **阴影**："数量"选项用来控制阴影区域的亮度，值越大，阴影区域越亮。

◆ **高光**："数量"用来控制高光区域的黑暗程度，值越大，高光区域越暗。

【操作步骤】

01 打开"下载资源"中的"素材文件>CH06>素材09.jpg"文件，如图6-45所示。

02 执行【图像】>【调整】>【阴影/高光】菜单命令，如图6-46所示；然后在打开的【阴影/高光】对话框中设置【阴影数量】为43%、【高光数量】为41%，如图6-47所示，效果如图6-48所示。

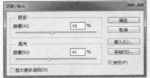

图6-45　　　　　　　　图6-46　　　　　　　　图6-47　　　　　　　　图6-48

03 执行【图像】>【调整】>【阴影/高光】菜单命令，然后在打开的【亮度/对比度】对话框中设置【对比度】为35，如图6-49所示，最终效果如图6-50所示。

图6-49　　　　　　　　　　　　　　　　图6-50

【案例总结】

利用【阴影/高光】命令能快速改善图像曝光过度或曝光不足区域的对比度，同时保持照片的整体平衡。【阴影/高光】命令本身具有的【阴影】和【高光】两者互不影响的特点，更好地校正了图像的每个像素点。

课后习题： 增加图片亮度	实例位置	实例文件 >CH06> 增加图片亮度 .psd
	素材位置	素材文件 >CH06>10.jpg
	视频名称	增加图片亮度 .mp4

（扫码观看视频）

最终效果图

这是一个增加图片亮度的练习，制作思路如图6-51所示。

打开素材图片，然后执行【图像】>【调整】>【阴影/高光】菜单命令，接着在打开的对话框中设置参数修复图像亮部和暗部，最后新建一个【亮度/对比度】调整图层调整图像的亮度。

图6-51

案例 48
色彩平衡：为云层添加颜色

素材位置	素材文件 >CH06>11.jpg
实例位置	实例文件 >CH06> 为云层添加颜色 .psd
视频名称	为云层添加颜色 .mp4
技术掌握	掌握色彩平衡命令的使用方法

（扫码观看视频）

最终效果图

【操作分析】

在学习调色技法之前，首先要了解色彩的相关知识。合理地运用色彩，不仅可以让一张图像变得更加具有表现力，而且还可以给我们带来良好的心理感受。颜色的种类主要分为色光（即光源色）和物体色两种，而原色是指无法通过混合其他颜色得到的颜色。会发光的太阳、荧光灯、白炽灯等发出的光都属于光源色，光源色的三原色是红色（Red）、绿色（Greed）、蓝色（Blue）；光照射到某一物体后反射或穿透显示出的效果称为物体色，像西红柿会显示出红色，是因为西红柿在所有波长的光线中只反射红色光波线的光线。物体色的三原色是洋红（Magenta）、黄色（Yellow）和青色（Cyan）。计算机中用3种基色（红、绿、蓝）之间的相互混合来表现所有色彩。红与绿混合产生黄色，红与蓝混合产生紫色，蓝与绿混合产生青色。其中红与青、绿与紫、蓝与黄为互补色，互补色在一起会产生视觉均衡感。

对于普通的色彩校正，【色彩平衡】命令可以更改图像总体颜色的混合程度。通过调整【青色-红色】【洋红-绿色】及【黄色-蓝色】在图像中所占的比例更改图像颜色，数值可以手动输入，也可以拖曳滑块来进行调整。

【重点命令】

执行【图像】>【调整】>【色彩平衡】菜单命令，可以调整图像的色彩平衡，组合键为Ctrl+B，其对话框如图6-52所示。

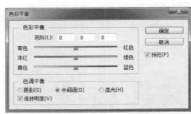

图6-52

【色彩平衡】对话框选项介绍

◆ **色彩平衡**：【青色-红色】、【洋红-绿色】及【黄色-蓝色】在图像中所占的比例，可以手动输入，也可以拖曳滑块来进行调整。比如，向左拖曳【青色-红色】滑块，可以在图像中增加青色，同时减少其补色红色；向右拖曳【青色-红色】滑块，可以在图像中增加红色，同时减少其补色青色。

◆ **色调平衡**：它是选择调整色彩平衡方式，包含【阴影】、【中间调】和【高光】3个选项。如果勾选【保持明度】选项，还可以保持图像的色调不变，以防止亮度值随着颜色的改变而改变。

【操作步骤】

01 打开"下载资源"中的"素材文件>CH06>素材11.jpg"文件，如图6-53所示。

02 按组合键Ctrl+J将原图复制一份留底，然后隐藏【背景】图层，接着执行【图像】>【调整】>【色彩平衡】菜单命令，如图6-54所示。

图6-53

图6-54

TIPS

注意，因为【图像】命令下的【色彩平衡】命令是直接在原图上修改，所以可以在操作之前复制一份留底，而【图层】命令下的【色彩平衡】命令是新建一个调整图层，不会直接修改原图。

03 在打开的【色彩平衡】对话框里设置【色调平衡】为【阴影】、【青色-红色】为31、【黄色-蓝色】为—100，如图6-55所示；接着设置【色调平衡】为【中间调】、【青色-红色】为100、【洋红-绿色】为—37、【黄色-蓝色】为—100，如图6-56所示；最后设置【色调平衡】为【高光】、【青色-红色】为—9、【洋红-绿色】为9、【黄色-蓝色】为56，如图6-57所示，效果如图6-58所示。

图6-55　　　　　　　　图6-56　　　　　　　　图6-57　　　　　　　　图6-58

04 单击【调整】面板中的【亮度/对比度】按钮创建一个【亮度/对比度】调整图层，如图6-59所示；然后在打开的【属性】面板中设置【亮度】为30，如图6-60所示，最终效果如图6-61所示。

图6-59　　　　　　　　图6-60　　　　　　　　图6-61

【案例总结】

　　在图像中，每个色彩调整的操作都会影响图像中的整个色彩平衡。可以使用【色彩平衡】命令调整图像的阴影、中间区和高光区色彩组成部分以及改变色彩的混合，从而达到新的色彩平衡。

课后习题：
打造阳光照射效果

实例位置	实例文件 >CH06> 打造阳光照射效果 .psd
素材位置	素材文件 >CH06>12.jpg
视频名称	打造阳光照射效果 .mp4

（扫码观看视频）

最终效果图

6

图像色彩与调色

151

这是一个调整图片颜色的练习，制作思路如图6-62所示。

打开素材图片，然后单击【调整】面板中的【色彩平衡】按钮，接着在打开的【属性】面板中调整参数，最后打开【曲线】的【属性】对话框调整曲线的幅度，使图片的颜色更加明亮鲜艳。

图6-62

案例49
自然饱和度：打造小清新图片效果

素材位置	素材文件 >CH06>13.jpg
实例位置	实例文件 >CH06> 打造小清新图片效果 .psd
视频名称	打造小清新图片效果 .mp4
技术掌握	掌握自然饱和度命令的使用方法

（扫码观看视频）

最终效果图

【操作分析】

使用【自然饱和度】命令可以快速调整图像的饱和度，并且可以在增加图像饱和度的同时有效地控制颜色过于饱和而出现溢色现象。

【重点命令】

执行【图像】>【调整】>【自然饱和度】菜单命令，可以调整图像饱和度，其对话框如图6-63所示。

图6-63

【自然饱和度】对话框选项介绍

◆ **自然饱和度**：向左拖曳滑块，可以降低颜色的饱和度；向右拖曳滑块，可以增加颜色的饱和度。

◆ **饱和度**：向左拖曳滑块，可以降低所有颜色的饱和度；向右拖曳滑块，可以增加所有颜色的饱和度。

【操作步骤】

01 打开"下载资源"中的"素材文件>CH06>素材13.jpg"文件，如图6-64所示。

02 单击【调整】面板中的【自然饱和度】按钮▽创建一个【自然饱和度】图层，如图6-65所示；然后在打开的【属性】面板中设置【自然饱和度】为66、【饱和度】为－86，如图6-66所示，效果如图6-67所示。

图6-64   图6-65   图6-66   图6-67

03 单击【调整】面板中的【色彩平衡】按钮创建一个【色彩平衡】图层，然后在打开的【属性】面板中设置【青色-红色】为29、【洋红-绿色】为10、【黄色-蓝色】为－50，如图6-68所示，效果如图6-69所示。

04 单击【调整】面板中的【曲线】按钮创建一个【曲线】图层，然后在打开的【属性】面板中向左上调节曲线，即设置【输入】为100、【输出】为150，如图6-70所示，效果如图6-71所示。

图6-68   图6-69   图6-70   图6-71

05 选中【曲线】调整图层的蒙版，如图6-72所示；然后用黑色柔边圆【画笔工具】在图像的4个角上涂抹，只保留对画面中心的调整，如图6-73所示，效果如图6-74所示。

图6-72   图6-73   图6-74

6

图像色彩与调色

06 继续创建一个【曲线】图层，然后在打开的【属性】面板中向右下调节曲线，即设置【输入】为100、【输出】为150，如图6-75所示，效果如图6-76所示。

07 选中【曲线】调整图层的蒙版，然后用较低透明度的黑色柔边圆【画笔工具】☑在图像的中间区域涂抹，只保留对图像4个角的调整，如图6-77所示，效果如图6-78所示。

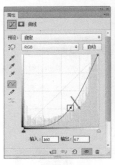   

图6-75　　　　　　　　图6-76　　　　　　　　图6-77　　　　　　　　图6-78

08 使用【横排文字工具】T在图像的左上侧输入一些装饰性的文字，效果如图6-79所示。

09 在最上层创建一个【自然饱和度】调整图层，然后在【属性】面板中设置【自然饱和度】为80，如图6-80所示，最终效果如图6-81所示。

图6-79　　　　　　　　　图6-80　　　　　　　　　图6-81

【案例总结】

使用【自然饱和度】命令可以快速调整图像的饱和度，并且可以在增加图像饱和度的同时有效地控制颜色过于饱和而出现溢色现象。

课后习题：增加图片的暖色调

实例位置	实例文件 >CH06> 增加图片的暖色调 .psd
素材位置	素材文件 >CH06>14.jpg
视频名称	增加图片的暖色调 .mp4

（扫码观看视频）

这是一个调整饱和度的练习，制作思路如图6-82所示。

打开素材图片，然后单击【调整】面板中的【自然饱和度】按钮▽，接着在打开的【属性】面板中将【自然饱和度】与【饱和度】的数值调大，再打开【色彩平衡】的【属性】对话框，将图片的颜色向暖色调调整，最后打开【曲线】的【属性】对话框调整曲线的弧度，使图片的颜色更加鲜艳明亮。

最终效果图

图6-82

案例50
色相/饱和度：加深照片颜色

素材位置	素材文件 >CH06>15.jpg
实例位置	实例文件 >CH06> 加深照片颜色 .psd
视频名称	加深照片颜色 .mp4
技术掌握	掌握色相 / 饱和度命令的使用方法

（扫码观看视频）

【操作分析】

　　使用【色相/饱和度】命令可以调整整个图像或选区内图像的色相、饱和度和明度，同时也可以对单个通道进行调整，该命令也是实际工作中使用频率最高的调整命令之一。

最终效果图

世间任何色彩都有色相、明度、纯度三个方面的性质，又称色彩的三要素。当色彩间发生作用时，除了色相、明度、纯度这三个基本条件，各种色彩彼此间会形成色调，并显现出自己的特性。因此，色相、明度、纯度、色调及色性五项就构成了色彩的要素。

色相：色彩的相貌，是区别色彩种类的名称。

明度：色彩的明暗程度，即色彩的深浅差别。明度差别既指同色的深浅变化，又指不同色相之间存在的明度差别。

纯度：色彩的纯净程度，又称色彩饱和度。某一纯净色加上白色或黑色，可以降低其纯度，或趋于柔和，或趋于沉重。

色调：画面中总是由具有某种内在联系的各种色彩组成一个完整统一的整体，形成画面色彩总的趋向就称为色调。

色性：指色彩的冷暖倾向。

【重点命令】

执行【图像】>【调整】>【色相/饱和度】菜单命令，可以调整图像色相和饱和度，组合键为Ctrl+U，其对话框如图6-83所示。

图6-83

【色相/饱和度】对话框选项介绍

◆ **预设**：在【预设】下拉列表中提供了8种色相/饱和度预设。

◆ **预设选项** ：单击该按钮，可以对当前设置的参数进行保存，或载入一个外部的预设调整文件。

◆ **通道下拉列表**：在通道下拉列表中可以选择全图、红色、黄色、绿色、青色、蓝色和洋红通道进行调整。选择好通道以后，拖曳下面的【色相】、【饱和度】和【明度】滑块，可以对该通道的色相、饱和度和明度进行调整。

◆ **全图**：选择全图时，色彩调整针对整个图像的色彩，也可以为要调整的色彩选取一个预设颜色范围。

◆ **色相**：调整图像的色彩倾向。在对应的文本框输入数值或直接拖动滑块即可改变颜色倾向。

◆ **饱和度**：调整图像中像素的颜色饱和度。数值越高，颜色越浓，反之则图像越淡。

◆ **明度**：调整图像中图像的明暗程度，数值越高，颜色越亮，反之则图像越暗。

◆ **在图像上单击并拖动可修改饱和度** ：使用该工具在图像上单击设置取样点以后，向右拖曳鼠标可以提高图像的饱和度，向左拖曳鼠标可以降低图像的饱和度。

◆ **着色**：勾选时，可以消除图像中的黑白或色彩元素，从而转化为单色调。

【操作步骤】

01 打开"下载资源"中的"素材文件>CH06>素材15.jpg"文件，如图6-84所示。

02 单击【调整】面板中的【色相/饱和度】按钮，创建一个【色相/饱和度】调整图层，如图6-85所示；然后在打开的【属性】面板中设置【饱和度】为-100、【明度】为19，如图6-86所示，效果如图6-87所示。

图6-84

图6-85

图6-86

图6-87

03 选中【背景】图层，然后按组合键Ctrl+J将其复制一份，并拖曳到图层面板的最上层，接着设置复制图层的【混合模式】为【叠加】，效果如图6-88所示。

04 双击复制图层的缩略图，然后在打开的【图层样式】对话框中单击【颜色叠加】样式，接着设置【混合模式】为【正片叠底】、叠加颜色为（C：15，M：14，Y：33，K：0）、【不透明度】为24%，如图6-89所示，效果如图6-90所示。

图6-88

图6-89

图6-90

05 单击【调整】面板中的【色彩平衡】按钮创建一个【色彩平衡】调整图层，然后按组合键Ctrl+Alt+G将其设置为复制图层的剪贴蒙版，并在打开的【属性】面板中设置【色调】为【阴影】、【青色-红色】为-2、【洋红-绿色】为-22、【黄色-蓝色】为80，如图6-91所示；接着设置【色调】为【中间调】、【青色-红色】为100、【洋红-绿色】为59、【黄色-蓝色】为-24，如图6-92所示；最后设置【色调】为【高光】、【洋红-绿色】为37，如图6-93所示，效果如图6-94所示。

图6-91

图6-92

图6-93

图6-94

06 再次创建一个【色相/饱和度】调整图层，然后按组合键Ctrl+Alt+G将其设置为复制图层的剪贴蒙版，接着设置该图层的【混合模式】为【叠加】，最后在打开的【属性】面板中设置【明度】为31，如图6-95所示，最终效果如图6-96所示。

图6-95   图6-96

【案例总结】

调节【色相】、【饱和度】可以调整图像中单个颜色或成分的色相、饱和度和亮度。使用【色相/饱和度】命令可以调整整个图像或选区内图像的色相、饱和度和明度，同时也可以对单个通道进行调整，该命令也是实际工作中使用频率最高的调整命令之一。

课后习题： 打造童话森林效果	实例位置	实例文件 >CH06> 打造童话森林效果 .psd
	素材位置	素材文件 >CH06>16.jpg
	视频名称	打造童话森林效果 .mp4

（扫码观看视频）

最终效果图

这是一个制作梦幻场景的练习，制作思路如图6-97所示。

打开素材图片，然后单击【调整】面板中的【色相/饱和度】按钮，接着在打开的【属性】面板中调整参数，最后打开【色彩平衡】的【属性】对话框调整参数。

图6-97

案例 51
黑白与去色：打造紫色调图片

素材位置	素材文件 >CH06>17.jpg、18.psd
实例位置	实例文件 >CH06> 打造紫色调图片 .psd
视频名称	打造紫色调图片 .mp4
技术掌握	掌握黑白与去色命令的使用方法

（扫码观看视频）

最终效果图

6

图像色彩与调色

【操作分析】

通过执行调整命令中的【黑白】和【去色】命令可以对图像进行去色处理，不同的是【黑白】命令不仅可以将色彩图像转换为黑色图像，并控制每一种色调的量，还可以对图像中的黑白亮度进行调整，使之呈现出单调的图像效果；同时，【黑白】命令还可以为黑白图像着色，以创建单色图像。而【去色】命令只能将图像中的色彩直接去掉，使其成为灰度图像，但图像依然保留原来的亮度。

【重点命令】

执行【图像】>【调整>【去色】菜单命令，可以将图像调整为灰色图像，组合键为Shift+Ctrl+U。

执行【图像】>【调整>【黑白】菜单命令，可以对图像进行去色处理，组合键为Alt+Shift+Ctrl+B，其对话框如图6-98所示。

图6-98

2

【黑白】对话框选项介绍

◆ **预设**：在【预设】下拉列表中提供了12种黑色效果，可以直接选择相应的预设来创建黑白图像。

◆ **颜色**：这6个选项用来调整图像中特定颜色的灰色调。比如，向左拖曳【红色】滑块，可以使由红色转换而来的灰度色变暗；向右拖曳，则可以使灰度色变亮。

◆ **色调/色相/饱和度**：勾选【色调】选项，可以为黑色图像着色，以创建单色图像，另外还可以调整单色图像的色相和饱和度。

【操作步骤】

01 打开"下载资源"中的"素材文件>CH06>素材17.jpg"文件，如图6-99所示。

02 打开"下载资源"中的"素材文件>CH06>素材18.jpg"文件，如图6-100所示；然后将其拖曳到之前打开的文件中，接着按组合键Ctrl+T进入自由变换状态，再将图像调整为黑底的大小并放在上面，效果如图6-101所示。

图6-99	图6-100	图6-101

03 按组合键Shift+Ctrl+U将人物图像去色，使其成为灰色图像，如图6-102所示。

04 单击【调整】面板中的【自然饱和度】按钮▽创建一个调整图层，然后在打开的【属性】面板中设置【自然饱和度】为14、【饱和度】为－23，如图6-103所示，效果如图6-104所示。

图6-102	图6-103	图6-104

05 单击【调整】面板中的【亮度/对比度】按钮※创建一个调整图层，然后在打开的【属性】面板中设置【亮度】为－20、【对比度】为52，如图6-105所示，效果如图6-106所示。

06 单击【调整】面板中的【色彩平衡】按钮■创建一个调整图层，然后在打开的【属性】面板中设置【青色-红色】为4、【洋红-绿色】为－2、【黄色-蓝色】为100，如图6-107所示，最终效果如图6-108所示。

图6-105　　　　　　　　图6-106　　　　　　　　图6-107　　　　　　　　图6-108

【案例总结】

　　本案例主要通过使用【去色】命令对图像进行去色处理，然后再调整图像的【亮度/对比度】、【色彩平衡】和【自然饱和度】，从而打造紫色调图像。

课后习题：制作黑白照片	实例位置	实例文件 >CH06> 制作黑白照片 .psd
	素材位置	素材文件 >CH06>19.jpg
	视频名称	制作黑白照片 .mp4

（扫码观看视频）

最终效果图

　　这是一个制作黑白图片的练习，制作思路如图6-109所示。

　　打开素材图片，然后复制【背景】图层并隐藏，接着单击【调整】面板中的【黑白】按钮■，并在打开的【属性】面板中调整参数，使图片层次清楚、充满细节，最后执行【滤镜】>【锐化】>【USM锐化】菜单命令锐化图片，使树枝质感更佳。

图6-109

案例 52
照片滤镜：打造蓝色调图片

素材位置	素材文件 >CH06>20.jpg
实例位置	实例文件 >CH06> 打造蓝色调图片 .psd
视频名称	打造蓝色调图片 .mp4
技术掌握	掌握照片滤镜命令的使用方法

（扫码观看视频）

最终效果图

【操作分析】

　　使用【照片滤镜】命令可以模仿在相机镜头前面添加色彩滤镜的效果，以便调整通过镜头传输光的色彩平衡、色温和胶片曝光。【照片滤镜】允许选取一种颜色将色相调整应用到图像中。

【重点命令】

　　执行【图像】>【调整】>【照片滤镜】菜单命令，可以给图像添加彩色滤镜，其对话框如图6-110所示。

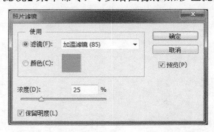

图6-110

【照片滤镜】对话框选项介绍

◆　**使用**：在【滤镜】下拉列表中可以选择一种预设的效果应用到图像中；如果要自己设置滤镜的颜色，可以勾选【颜色】选项，然后在后面重新调节颜色。

◆　**浓度**：设置滤镜颜色应用到图像中的颜色百分比。数值越高，应用到图像中的颜色浓度就越大；数值越小，应用到图像中的颜色浓度就越低。

◆　**保留明度**：勾选该选项以后，可以保留图像的明度不变。

【操作步骤】

01　打开"下载资源"中的"素材文件>CH06>素材20.jpg"文件，如图6-111所示。

02　单击【调整】面板中的【照片滤镜】按钮创建一个调整图层，然后在打开的【属性】面板中设置【滤镜】为【冷却滤镜（80）】、【颜色】为（C：100，M：42，Y：0，K：0）、【浓度】为60，如图6-112所示，效果如图6-113所示。

图6-111

图6-112

图6-113

03 单击【调整】面板中的【色相/饱和度】按钮■创建一个调整图层，然后在打开的【属性】面板中设置【色相】为42、【饱和度】为－17，如图6-114所示，最终效果如图6-115所示。

图6-114

图6-115

【案例总结】

　　【照片滤镜】命令支持多款数码相机的Raw图像模式，能得到更为真实的图像输入。通过应用模仿传统相机滤镜效果的照片滤镜，即可获得丰富的图像效果。本案例通过添加【蓝色】的【冷却滤镜】和调整图像的【色相/饱和度】打造出一幅蓝色调的图像。

课后习题：
打造冷色调图片

实例位置	实例文件 >CH06> 打造冷色调图片 .psd
素材位置	素材文件 >CH06>21.jpg
视频名称	打造冷色调图片 .mp4

（扫码观看视频）

最终效果图

这是一个简单制作冷色调图片的练习，制作思路如图6-116所示。

打开素材图片，然后单击【调整】面板中的【照片滤镜】按钮，接着在打开的【属性】面板中选择【冷却滤镜（82）】，设置浓度为77%。

图6-116

案例 53
通道混合器：打造高品质灰度图像

素材位置	素材文件 >CH06>22.jpg
实例位置	实例文件 >CH06> 打造高品质灰度图像 .psd
视频名称	打造高品质灰度图像 .mp4
技术掌握	掌握通道混合器命令的使用方法

（扫码观看视频）

最终效果图

【操作分析】

使用【通道混合器】命令可以对图像的某一个通道的颜色进行调整，以创建出各种不同色调的图像，同时也可以用来创建高品质的灰度图像。

【重点命令】

执行【图像】>【调整】>【通道混合器】菜单命令，可以调整图像通道颜色，其对话框如图6-117所示。

【通道混合器】对话框选项介绍

◆ **预设**：Photoshop提供了6种制作黑白图像的预设效果。

◆ **预设选项**：单击该按钮，可以对当前设置的参数进行保存，或载入一个外部的预设调整文件。

◆ **输出通道**：在下拉列表中可以选择一种通道来对图像的色调进行调整。

◆ **源通道**：用来设置源通道在输出通道中所占的百分比。将一个源通道的滑块向左拖曳，可以减小该通道在输出通道中所占的百分比；向右拖曳，可以增加百分比。

图6-117

◆ **总计**：显示源通道的计数值。如果计数值大于100%，则有可能会丢失一些阴影和高光细节。

◆ **常数**：用来设置输出通道的灰度值，负值可以在通道中增加黑色，正值可以在通道中增加白色。

◆ **单色**：勾选该选项以后，图像将变成黑白效果。

【操作步骤】

01 打开"下载资源"中的"素材文件>CH06>素材22.jpg"文件，如图6-118所示。

02 按组合键Ctrl+J将【背景】图层复制一层，然后按组合键Ctrl+U打开【色相/饱和度】对话框，接着设置【饱和度】为−80，如图6-119所示，效果如图6-120所示。

图6-118　　　　　　　　　　　　图6-119　　　　　　　　　　　　图6-120

03 执行【图像】>【调整】>【亮度/对比度】菜单命令，然后在打开的【亮度/对比度】对话框中设置【亮度】为30、【对比度】为28，如图6-121所示，效果如图6-122所示。

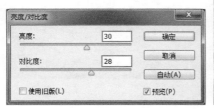

图6-121

图6-122

04 执行【图像】>【模式】>【CMYK颜色】菜单命令，然后在打开的对话框中单击【不拼合】按钮 不拼合(D)，如图6-123所示；接着在打开的对话框中单击【确定】按钮 确定，将图像转换为CMYK颜色模式，如图6-124所示。

图6-123   图6-124

05 单击【调整】面板中的【通道混合器】按钮■创建一个调整图层，然后在打开的【属性】面板中设置【输出通道】为【洋红】，并设置【青色】为16、【洋红】为98、【黄色】为2、【黑色】为28，如图6-125所示；接着设置【输出通道】为【黄色】，并设置【青色】为24、【洋红】为89、【黄色】为62、【黑色】为-81，如图6-126所示，效果如图6-127所示。

图6-125   图6-126   图6-127

06 执行【图像】>【调整】>【RGB颜色】菜单命令，然后在打开的对话框中单击【拼合】按钮 拼合(F)，将颜色模式切换回RGB颜色模式，同时所有图层都被拼合到【背景】图层中，接着单击【调整】面板中的【亮度/对比度】按钮■创建一个调整图层，最后在打开的【属性】面板中设置【对比度】为28，如图6-128所示，最终效果如图6-129所示。

图6-128   图6-129

　　使用【通道混合器】命令可以调整某一个通道中的颜色成分，也可以把每一个通道的颜色理解为由"青色""洋红""黄色""黑色"4种颜色调配出来的。默认情况下每一个通道中添加的颜色只有一种，就是通道对应的颜色。本案例通过将图像转换为CMYK颜色模式后调整图像颜色，在完成调整后再转换为RGB颜色模式，最后调整图像的对比度。

课后习题： 打造季节变换的效果	实例位置	实例文件 >CH06> 打造季节变换的效果 .psd
	素材位置	素材文件 >CH06>23.jpg
	视频名称	打造季节变换的效果 .mp4

（扫码观看视频）

最终效果图

　　这是一个应用【通道混合器】变换季节的练习，制作思路如图6-130和图6-131所示。

　　第1步：打开素材图片，然后单击【调整】面板中的【通道混合器】按钮，接着在打开的【属性】面板中调整【红】通道和【蓝】通道的参数。

　　第2步：单击【调整】面板中的【色彩平衡】按钮，将图层向黄色调整，然后单击【调整】面板中的【曲线】按钮，将图片整体调亮。

图6-130

图6-131

6

图像色彩与调色

素材位置	素材文件 >CH06>24.jpg
实例位置	实例文件 >CH06> 打造鲜艳的颜色图像效果 .psd
视频名称	打造鲜艳的颜色图像效果 .mp4
技术掌握	掌握可选颜色命令的使用方法

案例 54
可选颜色：打造鲜艳的颜色图像效果

（扫码观看视频）

最终效果图

【操作分析】

　　【可选颜色】命令是一个很重要的调色命令，它可以在图像中的每个主要原色成分中更改印刷色的数量，也可以有选择地修改任何主要颜色中的印刷色数量，并且不会影响其他主要颜色。本案例原图颜色灰暗，接近黑白，因此使用【可选颜色】调色命令来调整图片的颜色，再使用其他调色命令来加以修饰，使图像达到颜色鲜艳的效果。

【重点命令】

　　执行【图像】>【调整】>【可选颜色】菜单命令，可以调整图像指定颜色，其对话框如图6-132所示。

图6-132

　　【可选颜色】对话框选项介绍

◆　　**颜色**：用来设置图像中需要改变的颜色。单击下拉列表按钮，在打开的下拉列表中选择需要改变的颜色，可以通过下方的青色、洋红、黄色、黑色的滑块对选择的颜色进行设置，设置的参数越小，颜色越淡，反之则越浓。

◆　　**方法**：用来设置墨水的量，包括【相对】和【绝对】两个选项。【相对】是指按照调整后总量的百分比来更改现有的青色、洋红、黄色或黑色的量，该选项不能调整纯色白光，因为它不包括颜色成分；【绝对】是指采用绝对值调整颜色。

Photoshop CS6 完全自学案例教程（微课版）

168

【操作步骤】

01 打开"下载资源"中的"素材文件>CH06>素材24.jpg"文件，如图6-133所示。

02 单击【调整】面板中的【色相/饱和度】按钮■创建一个调整图层，然后在打开的【属性】面板中选择【全图】，设置【饱和度】为50，如图6-134所示；接着选择【红色】，设置【饱和度】为－50，如图6-135所示，效果如图6-136所示。

图6-133

图6-134

图6-135

图6-136

03 创建一个【色阶】调整图层，然后设置【高光】为220，设置如图6-137所示，效果如图6-138所示。

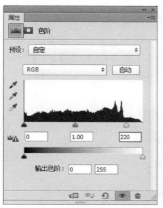
图6-137

图6-138

04 创建一个【曲线】调整图层，然后向上拖曳曲线即设置高点【输入】为164、【输出】为195，如图6-139所示；接着向下拖曳曲线即设置低点【输入】为49、【输出】为44，如图6-140所示，效果如图6-141所示。

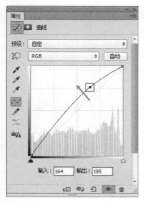
图6-139

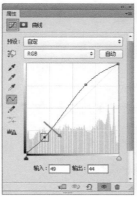
图6-140

图6-141

05 单击【调整】面板中的【可选颜色】按钮 ⬛ 创建一个调整图层，然后在打开的【属性】面板中设置颜色为【绿色】，并设置【黑色】为－100，如图6-142所示；接着设置颜色为【青色】，并设置【洋红】为30、【黄色】为－40、【黑色】为10，如图6-143所示，最终效果如图6-144所示。

图6-142　　　　　　　　　　图6-143　　　　　　　　　　图6-144

【案例总结】

　　【可选颜色】校正图像中每个加色或减色的原色图素中（青色、洋红、黄色、黑色）能够增加或减少印刷色的量，而不影响该印刷在其他主色调中的表现。本案例通过【色相/饱和度】、【色阶】和【曲线】来调整图像的亮度，然后使用【可选颜色】调整图像中的绿色和青色，使图像变得更蓝更亮。

课后习题：打造花草枯萎效果	实例位置	实例文件 >CH06> 打造花草枯萎效果 psd
	素材位置	素材文件 >CH06>25.jpg
	视频名称	打造花草枯萎效果 .mp4

（扫码观看视频）

最终效果图

　　这是一个制作枯萎花草的练习，制作思路如图6-145所示。

　　打开素材图片，然后单击【调整】面板中的【可选颜色】按钮 ⬛，接着在打开的【属性】面板中调整【颜色】为【红色】、【黄色】、【绿色】和【青色】下的参数。

图6-145

案例 55
变化：制作四色图片

素材位置	素材文件 >CH06>26.jpg
实例位置	实例文件 >CH06> 制作四色图片 .psd
视频名称	制作四色图片 .mp4
技术掌握	掌握变化命令的使用方法

（扫码观看视频）

最终效果图

【操作分析】

　　【变化】命令是一个非常简单直观的调色命令，只需单击它的效果缩略图即可调整图像的色彩平衡、饱和度和明度，同时还可以预览调色的整个过程。它的功能就相当于【色彩平衡】命令再增加【色相/饱和度】命令的功能，但它可以更精确、更方便地调整图像颜色。该命令主要应用于不需要精确色彩调整的平均色调图像。案例中将一整张图像首先用选框工具分成了四部分，再分别使用【变化】命令调整颜色。

【重点命令】

　　执行【图像】>【调整】>【变化】菜单命令，可以快速调整图像色调，其对话框如图6-146所示。

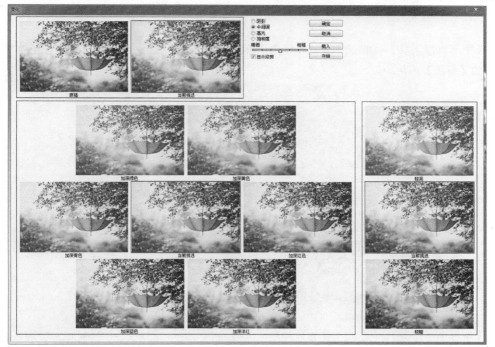

图6-146

171

【变化】对话框选项介绍

◆ **原稿/当前挑选**：【原稿】缩略图显示的是原始图像；【当前挑选】缩略图显示的是图像调整结果。

◆ **阴影/中间调/高光**：可以分别对图像的阴影、中间调和高光进行调节。

◆ **饱和度/显示修剪**：专门用于调整图像的饱和度。勾选该选项以后，在对话框的下面会显示出【减少饱和度】、【当前挑选】和【增加饱和度】3个缩略图。单击【减少饱和度】缩略图可以减少图像的饱和度，单击【增加饱和度】缩略图可以增加图像的饱和度。另外，勾选【显示修剪】选项，可以警告超出了饱和度范围的最高限度。

◆ **精细–粗糙**：该选项用来控制每次进行调整的量。特别注意，每移动一个滑块，调整数量会双倍增加。

◆ **各种调整缩略图**：单击相应的缩略图，可以进行相应的调整，但调整缩略图产生的效果是累积性的。例如，单击一次【加深青色】缩略图，可以加深一次青色，而单击两次，可以加深两次青色。

【操作步骤】

`01` 打开"下载资源"中的"素材文件>CH06>素材26.jpg"文件，如图6-147所示。

图6-147

`02` 使用【矩形选框工具】□框选图像的1/4，如图6-148所示，然后按组合键Ctrl+J将选区内的图像复制到一个新的【原色】图层中。

图6-148

`03` 使用【矩形选框工具】□框选图像的另外1/4，如图6-149所示，然后按组合键Ctrl+J将选区内的图像复制到一个新的【黄色】图层中。

04 选中【黄色】图层，然后执行【图像】>【调整】>【变化】菜单命令，如图6-150所示；接着在打开的【变化】对话框中单击两次【加深黄色】，最后单击【确定】按钮 确定 即可将黄色加深两个色阶，如图6-151所示，效果如图6-152所示。

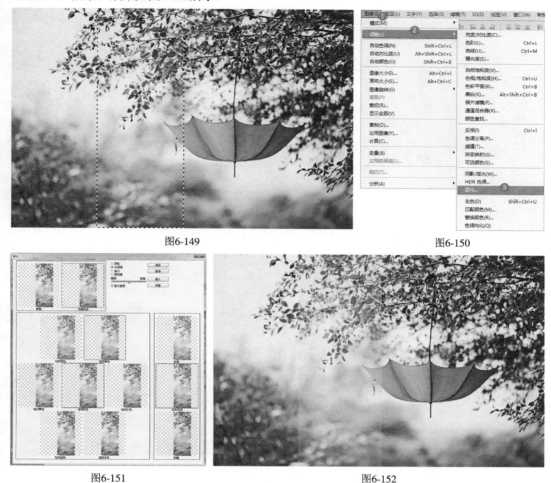

图6-149

图6-150

图6-151

图6-152

05 使用【矩形选框工具】框选图像的另外1/4，如图6-153所示，然后按组合键Ctrl+J将选区内的图像复制到一个新的【青色】图层中。

图6-153

06 选中【青色】图层，然后执行【图像】>【调整】>【变化】菜单命令，接着在打开的【变化】对话框中单击两次【加深青色】，最后单击【确定】按钮 <u>确定</u> 即可将青色加深两个色阶，如图6-154所示，效果如图6-155所示。

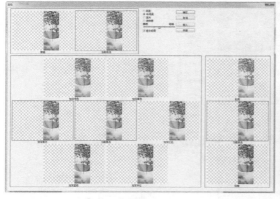

图6-154　　　　　　　　　　　　　　　　图6-155

07 使用【矩形选框工具】框选图像的最后1/4，如图6-156所示；然后按组合键Ctrl+J将选区内的图像复制到一个新的【红色】图层中，接着执行【图像】>【调整】>【变化】菜单命令；再在打开的【变化】对话框中单击两次【加深洋红】，最后单击【确定】按钮 <u>确定</u>，如图6-157所示，效果如图6-158所示。

图6-156　　　　　　　图6-157　　　　　　　图6-158

08 使用【横排文字工具】在图像左下侧输入一些装饰文字，最终效果如图6-159所示。

图6-159

【案例总结】

使用【变化】命令可以在调整图像或选区的色彩平衡、对比度和饱和度的同时看到图像或选区调整前后的缩略图，使调节操作更简单，调整效果更清楚。对于色调平均又不需要精确调节的图像，非常适用，但是该命令不能用于索引颜色模式的图像上。本案例主要是使用【矩形选框工具】将图像框选拷贝成四个独立的图层，然后使用【变化】调整命令为每一个图层上色，最后制作出四色图片。

课后习题：
打造充足的林间阳光直射效果

实例位置	实例文件 >CH06> 打造充足的林间阳光直射效果 .psd
素材位置	素材文件 >CH06>27.jpg
视频名称	打造充足的林间阳光直射效果 .mp4

（扫码观看视频）

最终效果图

这是一个修正图片颜色的练习，制作思路如图6-160所示。

打开素材图片，然后复制【背景】图层得到【图层1】，并隐藏【背景】图层，接着在【图层1】上执行【图像】>【调整】>【变化】菜单命令，再在打开的【变化】对话框中选中【中间调】，最后单击两次【较亮】、一次【加深黄色】和一次【加深红色】缩略图。

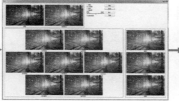

图6-160

案例 56
匹配颜色：打造朦胧
的红光效果

素材位置	素材文件 >CH06>28.jpg、29.jpg
实例位置	实例文件 >CH06> 打造朦胧的红光效果 .psd
视频名称	打造朦胧的红光效果 .mp4
技术掌握	掌握匹配颜色命令的使用方法

（扫码观看视频）

最终效果图

　　使用【匹配颜色】命令可以同时将两个图像更改为相同的色调，即将一个图像（源图像）的颜色与另一个图像（目标图像）的颜色匹配起来，也可以匹配同一个图像中不同图层之间的颜色。如果希望不同图像中的色调看上去一致，或者当一个图像中特定原色的颜色必须和另一个图像中的某个元素的颜色相匹配时，该命令非常实用。

【重点命令】

　　执行【图像】>【调整】>【匹配颜色】菜单命令，可以复制图像色调，其对话框如图6-161所示。

图6-161

【匹配颜色】对话框选项介绍

◆　**目标**：在这里显示要修改的图像的名称以及颜色模式。

◆　**应用调整时忽略选区**：如果目标图像（即被修改的图像）中存在选区，勾选该选项，Photoshop将忽视选区的存在，会将调整应用到整个图像；如果关闭该选项，那么调整只针对选区内的图像。

◆　**图像选项**：该选项组用于设置图像的混合选项，如明亮度、颜色混合强度等。

　　明亮度：用于调整图像匹配的明亮程度。数值越小于100，混合效果越暗；数值越大于100，混合效果越亮。

　　颜色强度：该选项相当于图像的饱和度。数值越低，混合后的饱和度越低；数值越高，混合后的饱和度越高。

　　渐隐：该选项有点类似于图层蒙版，它决定了有多少源图像的颜色匹配到目标图像的颜色中。数值越低，源图像匹配到目标图像的颜色越多；数值越高，源图像匹配到目标图像的颜色越少。

　　中和：勾选该选项后，可以消除图像中的偏色现象。

◆　**图像统计**：该选项组用于选择要混合目标图像的源图像以及设置源图像的相关选项。

◆　**使用源选区计算颜色**：如果源图像中存在选区，勾选该选项后，可以使用源图像中的选区图像的颜色来计算匹配颜色。

◆　**使用目标选区计算调整**：如果目标图像中存在选区，勾选该选项后，可以使用目标图像中的选区图像的颜色来计算匹配颜色。

 TIPS

　　注意，要使用【使用目标选区计算调整】选项，必须先在【源】选项中选择源图像为目标图像。

◆　**源**：用来选择源图像，即将颜色匹配到目标图像的图像。

◆ **图层**：选择需要用来匹配颜色的图层。

◆ **载入统计数据** `载入统计数据(O)...`/**存储统计数据** `存储统计数据(V)...`：这两个选项主要用来载入已存储的设置与存储当前的设置。

【操作步骤】

01 打开"下载资源"中的"素材文件>CH06>素材28.jpg"文件，如图6-162所示。

02 打开"下载资源"中的"素材文件>CH06>素材29.jpg"文件，如图6-163所示；然后拖曳到之前打开的文件中，并调整到合适大小，如图6-164所示。

图6-162   图6-163   图6-164

03 执行【图像】>【调整】>【匹配颜色】菜单命令，如图6-165所示。

04 在打开的【匹配颜色】对话框中设置【源】为【素材29.jpg】图像、【图层】为【图层1】，然后设置【明亮度】为160、【颜色强度】为100、【渐隐】为30，接着勾选【中和】，最后单击【确定】`确定`按钮，如图6-166所示，效果如图6-167所示。

图6-165   图6-166   图6-167

05 隐藏【图层1】，最终效果如图6-168所示。

【案例总结】

  【匹配颜色】命令通过立即匹配一幅图像与另一幅图像的色彩模式，进行图像合成时此命令是一个非常方便实用的功能。移花接木的最大技术难点在于色彩的匹配，而【匹配颜色】功能很好地解决了这个问题。

图6-168

<table>
<tr><td>实例位置</td><td>实例文件 >CH06> 提升图像颜色鲜亮度 .psd</td></tr>
<tr><td>素材位置</td><td>素材文件 >CH06>30.jpg、31.jpg</td></tr>
<tr><td>视频名称</td><td>提升图像颜色鲜亮度 .mp4</td></tr>
</table>

课后习题：提升图像颜色鲜亮度

最终效果图

这是一个将颜色提亮的练习，制作思路如图6-169所示。

打开素材图片，然后将用来匹配颜色的图片拖曳到需要匹配颜色的图片的操作界面中，接着执行【图像】>【调整】>【匹配颜色】菜单命令，并在打开的【匹配颜色】对话框中设置【源】、【图层】和【图像选项】下的参数，最后调整图片的亮度。

图6-169

案例 57
替换颜色：更换花束颜色

<table>
<tr><td>素材位置</td><td>素材文件 >CH06>32.jpg</td></tr>
<tr><td>实例位置</td><td>实例文件 >CH06> 更换花束颜色 .psd</td></tr>
<tr><td>视频名称</td><td>更换花束颜色 .mp4</td></tr>
<tr><td>技术掌握</td><td>掌握替换颜色命令的使用方法</td></tr>
</table>

最终效果图

使用【替换颜色】命令可以将选定的颜色替换为其他颜色，颜色的替换是通过更改选定颜色的色相、饱和度和明度来实现的。

【重点命令】

执行【图像】>【调整】>【替换颜色】菜单命令，可以替换图像颜色，其对话框如图6-170所示。

【替换颜色】对话框选项介绍

◆ **吸管：** 使用【吸管工具】 在图像上单击，可以选中单击点处的颜色，同时在【选区】缩略图中也会显示选中的颜色区域（白色代表选中的颜色，黑色代表未选中的颜色）；使用【添加到取样】 在图像中单击，可以将单击点处的颜色添加到选中的颜色中；使用【从取样中减去】 在图像上单击，可以将单击点处的颜色从选定的颜色中减去。

图6-170

◆ **本地化颜色簇/颜色：** 该选项主要用来在图像上选择多种颜色。比如如果要选中图像中的深绿色和黄绿色，可以先勾选该选项，然后使用【吸管工具】 在一种颜色上单击，再使用【添加到取样】 在另一种颜色上单击，接着同时选中这两种颜色（如果继续单击其他颜色，还可以选中多种颜色）。【颜色】选项用于显示选中的颜色。

◆ **颜色容差：** 该选项用来控制选中颜色的范围。数值越大，选中的颜色范围越广。

◆ **选区/图像：** 选择【选区】方式，可以以蒙版方式进行显示，其中白色表示选中的颜色，黑色表示未选中的颜色，灰色表示只选中了部分颜色；选择【图像】方式，则只显示图像。

◆ **结果：** 该选项用于显示结果颜色，同时也可以用来选择替换的结果颜色。

◆ **色相/饱和度/明度：** 这3个选项与【色相/饱和度】命令的3个选项相同，可以调整选中颜色的色相、饱和度和明度。

【操作步骤】

01 打开"下载资源"中的"素材文件>CH06>素材32.jpg"文件，如图6-171所示。

图6-171

6

图像色彩与调色

执行【图像】>【调整】>【替换颜色】菜单命令,如图6-172所示。

03 在打开的【替换颜色】对话框中选中【吸管工具】 ,然后在图像中单击花朵将其全部选中,接着设置【颜色容差】为200、【色相】为35、【饱和度】为10、【明度】为8,如图6-173所示。

04 单击【确定】按钮 确定 ,最终效果如图6-174所示。

| 图6-172 | 图6-173 | 图6-174 |

【案例总结】

　　【替换颜色】命令能将要替换的颜色创建为一个临时的蒙版,并用其他颜色替换图像中的原有颜色,同时还可以替换颜色的色相、饱和度和亮度。与【色相/饱和度】命令相比,【替换颜色】命令更准确。

课后习题:打造夜晚光照效果	实例位置	实例文件 >CH06> 打造夜晚光照效果 .psd
	素材位置	素材文件 >CH06>33.jpg
	视频名称	打造夜晚光照效果 .mp4

（扫码观看视频）

最终效果图

　　这是一个制作夜晚光照的练习,制作思路如图6-175所示。

　　打开素材图片,然后执行【图像】>【调整】>【替换颜色】菜单命令,接着在打开的对话框中选中【吸管工具】 ,并在图像中的绿色植物处单击,再设置【替换】的颜色,最后新建一个【色彩平衡】调整图层调整图像颜色。

图6-175

素材位置	素材文件 >CH06>34.jpg
实例位置	实例文件 >CH06> 打造径向亮度图像 .psd
视频名称	打造径向亮度图像 .mp4
技术掌握	掌握色调均化命令的使用方法

案例 58
色调均化：打造径向亮度图像

（扫码观看视频）

最终效果图

【操作分析】

　　使用【色调均化】命令可以重新分布图像中像素的亮度值，以便它们更均匀地呈现所有范围的亮度级（0~255）。在使用该命令时，图像中最亮的值将变成白色，最暗的值将变成黑色，中间的值将分布在整个灰度范围内。

【重点命令】

　　执行【图像】>【调整】>【色调均化】菜单命令，可以重新分布图像的像素亮度值。

【操作步骤】

01 打开"下载资源"中的"素材文件>CH06>素材34.jpg"文件，如图6-176所示。

图6-176

02 执行【图像】>【调整】>【色调均化】菜单命令，如图6-177所示，效果如图6-178所示。

图6-177　　　　　　　　　　　　　　　　　　　图6-178

03 单击【调整】面板中的【色彩平衡】按钮🖼创建一个调整图层，然后在打开的【属性】面板中设置【青色-红色】为31、【洋红-绿色】为18、【黄色-蓝色】为61，如图6-179所示，最终效果如图6-180所示。

图6-179　　　　　　　　　　　　　　　　　　　图6-180

【案例总结】

使用【色调均化】命令会为图像中最暗的像素填充黑色，为高光的像素填充白色，然后将整个灰度范围均匀分布给中间色调的像素亮度值，进行色调均化。当图像显得比较暗时，便可以用该命令平衡亮度值，使图像变亮。

课后习题： 打造青色调图像	实例位置	实例文件 >CH06> 打造青色调图像 .psd
	素材位置	素材文件 >CH06>35.jpg
	视频名称	打造青色调图像 .mp4

（扫码观看视频）

Photoshop CS6 完全自学案例教程（微课版）

182

最终效果图

这是一个制作青色调图片的练习，制作思路如图6-181所示。

打开素材图片，然后执行【图像】>【调整】>【色调均化】菜单命令重新分布图像的像素亮度值，接着新建一个【色彩平衡】的调整图层将图片的颜色调整为青色。

图6-181

案例 59
反相：打造负片效果

素材位置	素材文件 >CH06>36.jpg
实例位置	实例文件 >CH06> 打造负片效果 .psd
视频名称	打造负片效果 .mp4
技术掌握	掌握反相命令的使用方法

（扫码观看视频）

最终效果图

【操作分析】

使用【反相】命令可以将图像中的某种颜色转换为它的补色，即将原来的黑色变成白色，将原来的白色变成黑色，从而创建出负片效果。

【重点命令】

执行【图像】>【调整】>【反相】菜单命令，可以反转图像颜色，组合键为Ctrl+I。

> ● TIPS
>
> 【反相】命令是一个可以逆向操作的命令，例如，对一张图像执行【反相】命令，创建出负片效果，再次对【负片】图像执行【反相】命令，又会得到原来的图像。

【操作步骤】

<u>01</u> 打开"下载资源"中的"素材文件>CH06>素材36.jpg"文件，如图6-182所示。

<u>02</u> 按住Shift键使用【矩形选框工具】□在图像上绘制选区，如图6-183所示。

图6-182

图6-183

<u>03</u> 执行【图像】>【调整】>【反相】菜单命令，如图6-184所示，效果如图6-185所示。

图6-184

图6-185

<u>04</u> 按组合键Ctrl+D取消选区，最终效果如图6-186所示。

【案例总结】

　　使用【反相】命令可以将一张正片黑白图像转换为负片，或将黑白负片转为正片。色彩反相是将图像的颜色根据色彩通道中每个像素的亮度值，转化为256种亮度级别的相反值显示。

图6-186

课后习题：
制作杯子负片

实例位置	实例文件 >CH06> 制作杯子负片 .psd
素材位置	素材文件 >CH06>37.jpg
视频名称	制作杯子负片 .mp4

（扫码观看视频）

最终效果图

这是一个制作照片负片的练习，制作思路如图6-187所示。

打开素材图片，然后将【背景】图层复制一份并隐藏【背景】图层，接着单击【调整】面板中的【曲线】按钮☑，再在打开的【属性】面板中将曲线向上调整，最后执行【图像】>【调整】>【反相】菜单命令将图片反相。

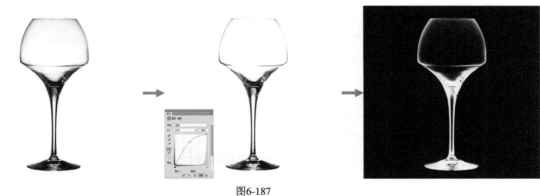

图6-187

案例60
色调分离：高曝光度
下的花朵

素材位置	素材文件 >CH06>38.jpg
实例位置	实例文件 >CH06> 高曝光度下的花朵 .psd
视频名称	高曝光度下的花朵 .mp4
技术掌握	掌握色调分离命令的使用方法

（扫码观看视频）

最终效果图

【操作分析】

使用【色调分离】命令可以指定图像中每个通道的色调级数目或亮度值，并将像素映射到最接近的匹配级别。案例中图片的最终效果是直接调整【色调分离】对话框中的【色阶】得到的结果。

【重点命令】

执行【图像】>【调整】>【色调分离】菜单命令，可以将图像中相近的颜色融合成块面，其对话框如图6-188所示。设置的【色阶】值越小，分离的色调越多；值越大，保留的图像细节就越多。

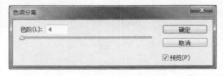

图6-188

【操作步骤】

01 打开"下载资源"中的"素材文件>CH06>素材38.jpg"文件，如图6-189所示。

02 执行【图像】>【调整】>【色调分离】菜单命令，如图6-190所示。

图6-189

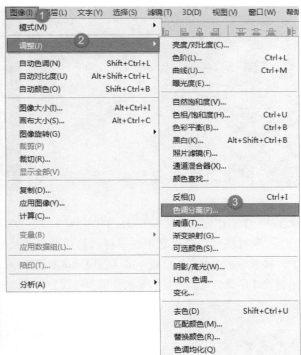

图6-190

03 在打开的【色调分离】对话框中设置【色阶】为2,然后单击【确定】按钮 确定 ,如图6-191所示,最终效果如图6-192所示。

【案例总结】

使用【色调分离】命令可以为图像的每个颜色通道定制亮度级别,然后将像素的亮度级别映射为与它最接近的亮度级别。

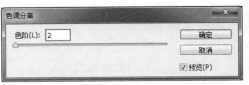

图6-191

图6-192

课后习题:
打造色块背景图片

实例位置	实例文件 >CH06> 打造色块背景图片 .psd
素材位置	素材文件 >CH06>39.jpg
视频名称	打造色块背景图片 .mp4

(扫码观看视频)

最终效果图

这是一个制作色块背景的练习，制作思路如图6-193所示。

打开素材图片，然后选中红酒杯以外的背景并复制一份，再设置该图层的【混合模式】为【柔光】，接着单击【调整】面板中的【色调分离】按钮，在打开的【属性】对话框中设置【色阶】为4，最后设置【色调分离】调整图层的【混合模式】为【柔光】。

 →  →

图6-193

案例61
阈值：打造半失真图像

素材位置	素材文件 >CH06>40.jpg
实例位置	实例文件 >CH06> 打造半失真图像 .psd
视频名称	打造半失真图像 .mp4
技术掌握	掌握阈值命令的使用方法

（扫码观看视频）

最终效果图

【操作分析】

使用【阈值】命令可以将彩色图像或者灰色图像转换为高对比度的黑白图像。当指定某个色阶作为阈值时，所有比阈值暗的像素都将转换为黑色，而所有比阈值亮的像素都将转换为白色。案例中通过调整图像的【阈值】得到了半失真的图像。

【重点命令】

执行【图像】>【调整】>【阈值】菜单命令，可以将图像调整为高对比黑白图像，其对话框如图6-194所示。

图6-194

【操作步骤】

01 打开"下载资源"中的"素材文件>CH06>素材40.jpg"文件，如图6-195所示。

02 复制【背景】图层得到【图层1】，然后在【图层1】上执行【图像】>【调整】>【阈值】菜单命令，如图6-196所示。

图6-195

图6-196

03 在打开的【阈值】对话框中默认【阈值色阶】参数为128，如图6-197所示；然后单击【确定】按钮，效果如图6-198所示。

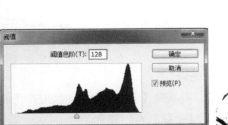

图6-197

图6-198

04 在【图层】面板中设置图层【混合模式】为【柔光】，最终效果如图6-199所示。

图6-199

【案例总结】

使用【阈值】命令可以将彩色图像或者灰色图像转换为高对比度的黑白图像，案例中添加了原图的【柔光】模式，所以最终效果图就具有失真的效果。

课后习题：
制作三色铅笔画

实例位置	实例文件 >CH06> 制作三色铅笔画 .psd
素材位置	素材文件 >CH06>41.jpg
视频名称	制作三色铅笔画 .mp4

（扫码观看视频）

最终效果图

这是一个制作三色铅笔画的练习，制作思路如图6-200和图6-201所示。

第1步：打开素材图片，然后复制【背景】图层得到【图层1】，并隐藏【背景】图层，接着在【图层1】上执行【滤镜】>【其它】>【高反差保留】菜单命令，再设置【半径】为4.7像素。

第2步：单击【调整】面板中的【阈值】按钮■，然后设置【阈值色阶】为124，接着新建一个【渐变】图层，设置渐变颜色为蓝色、黄色、粉色，并在图像上从左上角向右下角填充渐变，最后设置该图层的【混合模式】为【正片叠底】、【不透明度】为51%。

图6-200

图6-201

案例 62
渐变映射：制作棕色调照片

素材位置	素材文件 >CH06>42.jpg
实例位置	实例文件 >CH06> 制作棕色调照片 .psd
视频名称	制作棕色调照片 .mp4
技术掌握	掌握渐变映射命令的使用方法

（扫码观看视频）

最终效果图

【操作分析】

顾名思义，【渐变映射】就是将渐变色映射到图像上。在映射过程中，先将图像转换为灰度图像，然后将相等的图像灰度范围映射到指定的渐变填充色。

【重点命令】

执行【图像】>【调整】>【渐变映射】菜单命令，可以将渐变色映射到图像上，其对话框如图6-202所示。

【渐变映射】对话框选项介绍

◆ **灰度映射所用的渐变**：单击下面的渐变条，打开【渐变编辑器】对话框，在该对话框中可以选择或重新编辑一种渐变应用到图像上，如图6-203所示。

图6-202   图6-203

◆ **仿色**：勾选该选项以后，Photoshop会添加一些随机的杂色来平滑渐变效果。
◆ **反向**：勾选该选项以后，可以反转渐变的填充方向。

【操作步骤】

01 打开"下载资源"中的"素材文件>CH06>素材42.jpg"文件，如图6-204所示。

图6-204

02 执行【图像】>【调整】>【渐变映射】菜单命令，如图6-205所示；然后在打开的【渐变映射】对话框中选择【灰度映射所用的渐变】为【紫，橙渐变】；接着单击【确定】按钮▭━━确定━━▭，如图6-206所示，效果如图6-207所示。

图6-205　　　　　　图6-206　　　　　　图6-207

03 执行【编辑】>【渐隐渐变映射】菜单命令，如图6-208所示，效果如图6-209所示。

图6-208　　　　　　图6-209

04 单击【调整】面板中的【亮度/对比度】按钮▦创建一个调整图层，然后在打开的【属性】面板中设置【亮度】为66，如图6-210所示，效果如图6-211所示。

图6-210　　　　　　图6-211

05 单击【调整】面板中的【可选颜色】按钮■创建一个调整图层，然后在打开的【属性】面板中设置【青色】为17、【黄色】为19、【黑色】为-31,，如图6-212所示，最终效果如图6-213所示。

图6-212　　　　　　　　　　图6-213

【案例总结】

　　使用【渐变映射】命令可以把某种渐变色添加到照片中，形成一种混合效果，相当于给图像另外添加了一种颜色，再使用调色命令加以修饰，最终制作出具有复古色彩的图片，制作简单，但是非常实用。

课后习题：
打造蛋糕的粉色调效果

实例位置	实例文件 >CH06> 打造蛋糕的粉色调效果 .psd
素材位置	素材文件 >CH06>43.jpg
视频名称	打造蛋糕的粉色调效果 .mp4

（扫码观看视频）

　　这是一个制作温馨粉色调图片的练习，制作思路如图6-214所示。

　　打开素材图片，然后复制【背景】图层得到【图层1】，再执行【图像】>【调整】>【渐变映射】菜单命令，接着在打开的对话框中选择渐变颜色，完成后设置该图层的【混合模式】为【柔光】，最后新建【亮度/对比度】和【色彩平衡图层】的调整图层调整图像亮度和颜色。

最终效果图

 →  →  →

图6-214

案例 63
HDR色调：平衡图像亮度

素材位置	素材文件 >CH06>44.jpg
实例位置	实例文件 >CH06> 平衡图像亮度 .psd
视频名称	平衡图像亮度 .mp4
技术掌握	掌握 HDR 色调命令的使用方法

（扫码观看视频）

最终效果图

【操作分析】

使用【HDR色调】命令可以用来修补太亮或太暗的图像，制作出高动态范围的图像效果，对于处理风景图像非常有用。

【重点命令】

执行【图像】>【调整】>【HDR色调】菜单命令，可以替换图像颜色，其对话框如图6-215所示。

【HDR色调】对话框选项介绍

◆ **预设**：在下拉列表中可以选择预设的HDR效果，既有黑白效果，也有彩色效果。

◆ **方法**：选择调整图像采用何种HDR方法。

◆ **边缘光**：该选项组用于调整图像边缘光的强度。

◆ **色调和细节**：调节该选项组中的选项可以使图像的色调和细节更加丰富细腻。

◆ **高级**：该选项组可以用来调整图像的整体色彩。

◆ **色调曲线和直方图**：该选项组掌握的使用方法与【曲线】命令掌握的使用方法相同。

图6-215

【操作步骤】

01 打开"下载资源"中的"素材文件>CH06>素材44.jpg"文件，如图6-216所示。

02 执行【图像】>【调整】>【HDR色调】菜单命令，如图6-217所示。

03 在打开的【HDR色调】对话框中设置【预设】为【饱和】，然后单击【确定】按钮 确定 ，如图6-218所示，最终效果如图6-219所示。

图6-216   图6-217   图6-218   图6-219

195

　　使用【HDR色调】命令可以用来修补太亮或太暗的图像，对于处理风景图像非常有用。本案例通过对图像直接执行【图像】>【调整】>【HDR色调】菜单命令，将太暗的图像修补成光线充足的图像。

课后习题： 打造图片的复古效果	实例位置	实例文件 >CH06> 打造图片的复古效果 .psd
	素材位置	素材文件 >CH06>45.jpg
	视频名称	打造图片的复古效果 .mp4

（扫码观看视频）

最终效果图

　　这是一个打造复古效果的练习，制作思路如图6-220和图6-221所示。

　　第1步：打开素材图片，然后执行【图像】>【调整】>【HDR色调】菜单命令，然后在打开的【HDR色调】对话框中设置相关参数。

　　第2步：单击【调整】面板中的【可选颜色】按钮█，然后在打开的【属性】面板中设置【颜色】为红色、黄色、白色、黑色下的参数数值。

图6-220

图6-221

Photoshop CS6 完全自学案例教程（微课版）

7

文字

　　Photoshop中的文字由基于矢量的文字轮廓组成，这些形状可以用于表现字母、数字和符号。在编辑文字时，任意缩放文字或调整文字大小都不会产生锯齿现象。在保存文字时，Photoshop可以保留基于矢量图的文字轮廓，文字的输出与图像的分辨率无关。

本章学习要点

- 文字创建工具
- 创建与编辑文本
- 字符/段落面板
- 路径文字
- 变形文字
- 文字转换为形状
- 文字转换为工作路径

案例 64
文字工具：制作多彩文字

素材位置	素材文件 >CH07>01.jpg
实例位置	实例文件 >CH07> 制作多彩文字 .psd
视频名称	制作多彩文字 .mp4
技术掌握	掌握文字工具的使用方法

（扫码观看视频）

【操作分析】

Photoshop提供了4种创建文字的工具。其中两种是【横排文字工具】T和【直排文字工具】IT，主要用来创建点文字、段落文字和路径文字，是输入文字的工具。【横排文字工具】T可以用来输入横向排列的文字；【直排文字工具】IT可以用来输入竖向排列的文字。

【重点工具】

在【工具箱】中选择【横排文字工具】T，然后在图像上单击鼠标，出现闪动的插入标后输入文字即可，其选项栏如图7-1所示。

最终效果图

设置字体系列　设置字体样式　　设置消除锯齿的方法　设置文字颜色　切换字符和段落面板

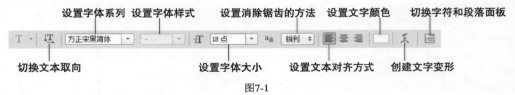

切换文本取向　　　　　　　　　设置字体大小　　设置文本对齐方式　　创建文字变形

图7-1

【横排文字工具】选项介绍

◆ **切换文本取向**：如果当前使用的是【横排文字工具】T输入的文字，选中文本以后，在选项栏中单击【切换文本取向】按钮，可以将横向排列的文字更改为直向排列的文字。

◆ **设置字体系列**：设置文字的字体。在文档中输入文字以后，如果要改变字体的系列，可以在文档中选择文本，然后在选项栏中单击【设置字体系列】下拉列表，接着选择想要的字体即可。

TIPS

注意，在实际工作中，往往要用到各种各样的字体，而一般的计算机中的字体又非常有限，这时就需要用户自己安装一些字体（字体可以从互联网上下载）。下面介绍一些如何将外部的字体安装到计算机中。

第1步：打开【我的电脑】，进入系统安装盘（一般为C盘），然后找到Windows文件夹，接着打开该文件夹，找到Fonts文件夹。

第2步：打开Fonts文件夹，然后选择下载的字体，接着按组合键Ctrl+C复制字体，最后按组合键Ctrl+V将其粘贴到Fonts文件夹中。在安装字体时，系统会打开一个正在安装字体的进度对话框。

安装好字体并重新启动Photoshop后，就可以在选项栏中的【设置字体系列】下拉列表中查找到安装的字体。需要注意的是，系统中安装的字体越多，使用文字工具处理文字的运行速度就越慢。

◆ **设置字体样式**：设置文字形态。输入好英文以后，可以在选项栏中设置字体的样式，包括Regular（规则）、Italic（斜体）、Bold（粗体）和Bold Italic（粗斜体）。

TIPS

注意，只有使用某些具有该属性的英文字体，该下拉列表才能激活。

◆ **设置字体大小**：输入文字以后如果要更改字体的大小，可以直接在选项栏中输入数值，也可以在下拉列表中选择预设的字体大小。

◆ **设置消除锯齿的方法**：输入文字以后，可以在选项栏中为文字指定一种消除锯齿的方式。选择【无】方式时，Photoshop不会应用消除锯齿；选择【锐利】方式时，文字的边缘最为锐利；选择【犀利】方式时，文字的边缘就比较锐利；选择【浑厚】方式时，文字会变粗一些；选择【平滑】方式时，文字的边缘会非常平滑。

◆ **设置文本对齐方式**：在文字工具的选项栏中提供了3种设置文本段落对齐方式的按钮，选择文本以后，单击所需要的对齐按钮，就可以使文本按指定的方式对齐，包括【左对齐文本】▤、【居中对齐文本】▤、【右对齐文本】▤。

TIPS

注意，如果当前使用的是【直排文字工具】IT，那么对齐方式分别会变成【顶端对齐文本】▥、【居中对齐文本】▥和【底对齐文本】▥，如图7-2所示。

图7-2

◆ **设置文本颜色**：设置文字的颜色。输入文字时，文字颜色默认为前景色，如果要修改文字颜色，可以先在文档中选择文字，然后在选项栏中单击颜色块，接着在打开的【拾色器（文本颜色）】对话框中设置所需要的颜色。

◆ **创建文字变形**：单击该按钮，可以打开【变形文字】对话框，在该对话框中可以选择文字变形的方式。

◆ **切换字符和段落面板**：单击该按钮或按组合键Ctrl+T，可以打开【字符】面板和【段落】面板，用来调整文字格式和段落格式，如图7-3所示。

输入文字以后，在【图层】面板中，可以看到新生成了一个文字图层，在图层上有一个T字母，表示当前的图层是文字图层，Photoshop会自动按照输入的文字命名新建的文字图层。

图7-3

文字图层可以随时进行编辑。直接使用文字工具在图像中的文字上拖曳，或用任何工具双击【图层】面板中文字图层上带有字母T的文字图层缩略图，都可以将文字选中，然后通过文字工具选项栏中的各项设定进行修改。

【操作步骤】

01 按组合键Ctrl+N新建一个文档，具体参数如图7-4所示。

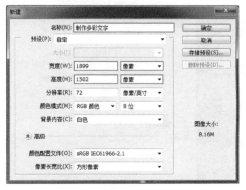

图7-4

02 设置前景色为黑色，然后按组合键Alt+Delete用前景色填充【背景】图层，接着选择【横排文字工具】T，并在其选项栏选择一个较有个性的字体；再设置字体大小为250点、字体颜色为白色，如图7-5所示；最后在画布中间输入英文WONDWEFUL，如图7-6所示。

图7-5

图7-6

03 选中第一个字母W，如图7-7所示；然后单击选项栏中的颜色块，并在打开的【拾色器（文本颜色）】对话框中设置颜色为（C：58，M：0，Y：76，K：0），效果如图7-8所示。

图7-7

图7-8

04 采用相同的方法为其他字母更改颜色，效果如图7-9所示。

05 按组合键Ctrl+J复制一个文字副本图层，然后在副本图层的名称上单击鼠标右键，接着在打开的菜单中选择【栅格化文字】命令，如图7-10所示，图层如图7-11所示。

图7-9

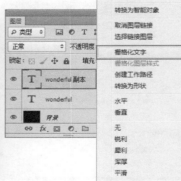

图7-10

图7-11

Photoshop CS6 完全自学案例教程（微课版）

06 单击【图层】面板下面的【添加蒙版按钮】 □，为副本图层添加一个蒙版，然后使用【矩形选框工具】 □ 在图像中绘制选区，如图7-12所示。

07 设置前景色为黑色，然后按组合键Alt+Delete填充选区，图层如图7-13所示，效果如图7-14所示。

| 图7-12 | 图7-13 | 图7-14 |

08 选中文字副本图层，然后单击【属性】面板中的【色相/饱和度】按钮 □，并在打开的【属性】面板中设置【明度】为60，如图7-15所示，效果如图7-16所示。

09 选择原始的文字图层，然后按组合键Ctrl+J再次复制一个副本图层，并将其拖曳到原始图层的下一层，如图7-17所示。

| 图7-15 | 图7-16 | 图7-17 |

7

文字

10 将副本文字图层栅格化，然后执行【滤镜】>【模糊】>【动感模糊】命令，如图7-18所示；接着在打开的【动感模糊】对话框中设置【角度】为90度、距离为320像素，如图7-19所示，效果如图7-20所示。

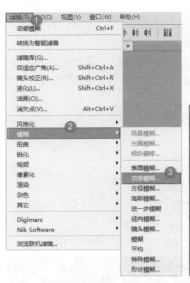

图7-18

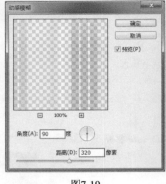

图7-19

图7-20

● TIPS

【滤镜】功能详见本书第11章滤镜。

11 使用【橡皮擦工具】 ✐ 擦除图像底部模糊部分，如图7-21所；然后使用【横排文字工具】 T 在英文底部输入较小的英文作为修饰，如图7-22所示。

图7-21

图7-22

12 执行【图层】>【图层样式】>【渐变叠加】菜单命令，然后在打开的【图层样式】对话框中选择一个颜色比较丰富的渐变色，接着设置角度为0度、缩放为100%，如图7-23所示，效果如图7-24所示。

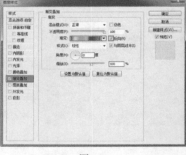

图7-23

图7-24

● TIPS

为了与上面大英文字的颜色统一起来，底部的小字最好选用一种与大英文字颜色比较接近的渐变色，并根据需要勾选【反向】。

13 打开"下载资源"中的"素材文件>CH07>素材01.jpg"文件，如图7-25所示；然后将所有的文字拖曳到"素材01.jpg"文档中并调整到合适位置，最终效果如图7-26所示。

图7-25 图7-26

【案例总结】

本例主要是使用【横排文字工具】 T. 在画布中输入文字，然后为文字填充颜色，再使用选区工具、图层蒙版和其他命令对文字进行编辑，同时配合【色相/饱和度】进行调色，制作出多彩文字的效果。

课后习题： 制作文艺图片	实例位置	**实例文件 >CH07> 制作文艺图片 .psd**
	素材位置	**素材文件 >CH07>02.jpg**
	视频名称	**制作文艺图片 .mp4**

这是一个制作文艺图片的练习，制作思路如图7-27和图7-28所示。

第1步：打开素材图片，然后使用【横排文字工具】 T. 在图像上输入文字，并为文字描边，接着将3个文字图层各复制一份，再合并复制图层。

第2步：将合并的文字图层执行【垂直翻转】命令，然后向下移动直到紧贴文字底部，接着设置该图层的【混合模式】为【柔光】，并降低【不透明度】。

最终效果图

 →

图7-27

图7-28

7

文字

203

案例 65
文字蒙版工具：制作渐变色文字

素材位置	素材文件 >CH07>03.jpg
实例位置	实例文件 >CH07> 制作渐变色文字 .psd
视频名称	制作渐变色文字 .mp4
技术掌握	掌握文字蒙版工具的使用方法

（扫码观看视频）

【操作分析】

　　文字蒙版工具包含【横排文字蒙版工具】T和【直排文字蒙版工具】T两种，它们主要用来创建文字选区，然后对选区进行一系列的编辑。

【重点工具】

　　使用【横排文字蒙版工具】T，在画布上单击鼠标，图像默认状态下会变为半透明红色，并出现一个光标，表示可以输入文本。如果觉得文字位置不合适，可将鼠标放在文本的周围，当鼠标变为一个像移动工具的箭头时，拖动位置。输入文字后，文字将以选区的形式出现，在选区中，可以填充前景色、背景色以及渐变色等。

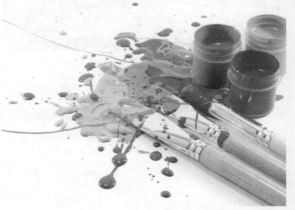

最终效果图

【操作步骤】

01 打开"下载资源"中的"素材文件>CH07>素材03.jpg"文件，如图7-29所示。

图7-29

02 选择【横排文字蒙版工具】，然后在其选型栏设置字体和字体大小，如图7-30所示；接着在图像中单击鼠标输入文字，输入完毕后按组合键Ctrl+Enter提交文本，文字将以选区的形式出现，如图7-31和图7-32所示。

图7-30

图7-31　　　　　图7-32

03 新建一个图层，然后选择【渐变工具】，并在其选项栏设置【点按可编辑渐变】为【色谱】、【渐变方式】为【径向渐变】，如图7-33所示，效果如图7-34所示。

图7-33

TIPS

使用文字蒙版工具输入文字后得到的选区，最好是新建一个图层，再进行填充、渐变或描边等操作。

图7-34

04 按组合键Ctrl+D取消选区，如图7-35所示；然后选择【横排文字蒙版工具】，在其选项栏设置字体和字体大小，如图7-36所示；接着输入文字并新建一个图层，再按组合键Alt+Delete填充前景色为（C：52，M：44，Y：41，K：0）；最后按组合键Ctrl+D取消选区，效果如图7-37所示。

图7-35

图7-36

图7-37

7

文字

05 双击文字图层【时代印象】的缩略图，然后在打开的【图层样式】对话框中选择【描边】，并设置【大小】为3像素、【位置】为【外部】、不透明度为15%，【颜色】为【黑色】，设置如图7-38所示，最终效果如图7-39所示。

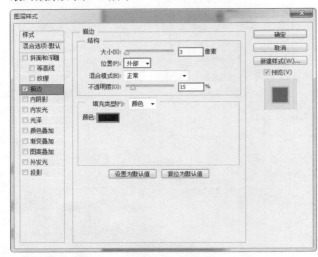

图7-38   图7-39

【案例总结】

　　文字蒙版工具可以直接为文字填充颜色，本案例主要讲解了如何使用文字蒙版工具创建文字选区，然后为选区填充渐变颜色和纯色，制作出渐变色文字和纯色文字，再为纯色文字描边来制作出文字。

课后习题： 制作图案文字	实例位置	实例文件 >CH07> 制作图案文字 .psd	
	素材位置	素材文件 >CH07>04.jpg	
	视频名称	制作图案文字 .mp4	（扫码观看视频）

最终效果图

　　这是一个制作图案文字的练习，制作思路如图7-40和图7-41所示。

　　第1步：打开素材图片，然后选择【横排文字蒙版工具】，并在其选项栏设置字体样式和字体大小，接着在图像中输入文字，输入完毕后按组合键Ctrl+Enter提交文本。

　　第2步：按组合键Ctrl+J复制文字图层得到【图层1】，接着在【背景】图层上新建一个黑色图层，然后将文字移到画布中间。

图7-40

图7-41

案例 66
【字符/段落】面板：为图片添加文字

素材位置	素材文件 >CH07>05.jpg
实例位置	实例文件 >CH07> 为图片添加文字 .psd
视频名称	为图片添加文字 .mp4
技术掌握	掌握字符 / 段落面板的使用方法

（扫码观看视频）

【操作分析】

点文字：使用文字工具在画布上单击鼠标，输入的文字称为点文字。点文字是一个水平或垂直的文本行，每行文字都是独立的，行的长度随着文字的输入而不断增加，但是不会换行。

段落文字：使用文字工具在画布上拖动鼠标画出一个文本框，在这个文本框内输入的文字称为段落文字。段落文字具有自动换行、可调整文字区域大小等优势，且主要运用在大量的文本中，如海报、画册等。

在文字的选项栏中，只提供了很少的参数选项。如果需要对文本进行更多的设置，就需要使用到【字符】面板和【段落】面板。

最终效果图

 TIPS

注意，点文本和段落文本之间可以转换。如果当前选择的是点文本，执行【文字】>【转换为段落文本】菜单命令，可以将点文本转换为段落文本；如果当前选择的是段落文本，执行【文字】>【转换为点文本】菜单命令，可以将段落文本转换为点文本。

7

文字

（1）【字符】面板中提供了比文字工具选项栏更多的调整选项，如图7-42所示。在【字符】面板中，字体系列、字体样式、字体大小、文字颜色和消除锯齿等与工具选项栏中的选项相对应。

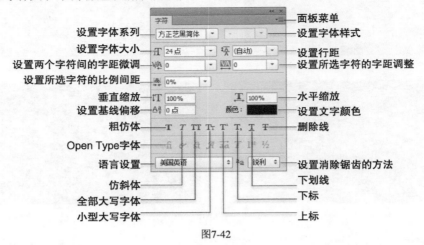

图7-42

【字符】面板选项介绍

◆ **设置行距**：行距就是上一行文字基线与下一行文字基线之间的距离。选择需要调整的文字图层，然后在【设置行距】数值框中输入行距数值或在其下拉列表中选择预设的行距值，接着按Enter键即可。

◆ **设置两个字符间的字距微调**：用于设置两个字符之间的间距，在设置前先在两个字符间单击鼠标左键，以设置插入点，然后对数值进行设置。

◆ **设置所选字符的字距调整**：在选择了字符的情况下，该选项用于调整所选字符间的间距；在没有选择字符的情况下，该选项用于调整所有字符之间的间距。

◆ **设置所选字符的比例间距**：在选择了字符的情况下，该选项用于调整所选字符之间的比例间距；在没有选择字符的情况下，该选择用于调整所有字符之间的比例间距。

◆ **垂直缩放/水平缩放**：这两个选项用于设置字符的高度和宽度。

◆ **设置基线偏移**：用于设置文字和基线之间的距离。该选项的设置可以升高或降低所选文字。

◆ **特殊字符样式**：特殊字符样式包含【仿粗体】、【仿斜体】、【上标】、【下标】等。

◆ **Open Type字体**：包含PostScript和True Type字体不具备的功能，如自由连字等。

◆ **语言设置**：用于设置文本连字符和拼写的语言类型。

（2）【段落】面板提供了用于设置段落编排格式的所有选项。通过【段落】面板，可以设置段落文本的对齐方式和缩进量等参数，如图7-43所示。

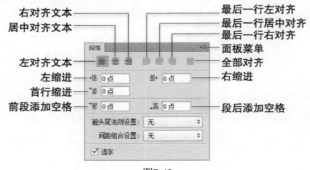

图7-43

【段落】面板选项介绍

◆ **左对齐文本**▤：文字左对齐，段落右端参差不齐。

◆ **居中对齐文本**▤：文字居中对齐，段落两端参差不齐。

◆ **右对齐文本**▤：文字右对齐，段落左端参差不齐。

◆ **最后一行左对齐**▤：最后一行左对齐，其他行左右两端强制对齐。

◆ **最后一行居中对齐**▤：最后一行居中对齐，其他行左右两端强制对齐。

◆ **最后一行右对齐**▤：最后一行右对齐，其他行左右两端强制对齐。

◆ **全部对齐**▤：在字符间添加额外的间距，使文本左右两端强制对齐。

◆ **左缩进**▸▪：用于设置段落文本向右（横排文字）或向下（直排文字）的缩进量。

◆ **右缩进**▪◂：用于设置段落文本向左（横排文字）或向上（直排文字）的缩进量。

◆ **首行缩进**▾▪：用于设置段落文本中每个段落的第1行向右（横排文字）或第1列文字向下（直排文字）的缩进量。

◆ **段前添加空格**▾▪：设置光标所在段落与前一个段落之间的间隔距离。

◆ **段后添加空格**▪▴：设置当前段落与另一个段落之间的间隔距离。

◆ **避头尾法则设置**：不能出现在一行的开头或结尾的字符称为避头尾字符。Photoshop提供了基于标准JIS的宽松和严格的避头尾集，宽松的避头尾设置忽略长元音字符和小平假名字符。选择【JIS宽松】或【JIS严格】选项时，可以防止在一行的开头或结尾出现不能使用的字母。

◆ **间距组合设置**：间距组合是为日语字符、罗马字符、标点和特殊字符在行开头、行结尾和数字的间距指定日语文本编排。选择【间距组合1】选项，可以对标点使用半角间距；选择【间距组合2】选项，可以对行中除最后一个字符外的大多数字符使用全角间距；选择【间距组合3】可以对行中大多数字符和最后一个字符使用全角间距；选择【间距组合4】选项，可以对所有字符使用全角间距。

◆ **连字**：勾选该选项以后，在输入英文单词时，如果段落文本框的宽度不够，英文单词将自动换行，并在单词之间用连字符连接起来。

【操作步骤】

01 打开"下载资源"中的"素材文件>CH07>素材05.jpg"文件，如图7-44所示。

图7-44

02 选择【横排文字工具】 ，然后按组合键Ctrl+T打开【字符/段落】面板，设置字体为Minion Pro、字体大小为36点、文本颜色为黑色，如图7-45所示；接着在画布中单击鼠标左键设置插入点，如图7-46所示；再输入英文Salty Coffee，输入完毕后按组合键Ctrl+Enter提交文本，如图7-47所示。

图7-45　　　　　　　　　　　　图7-46　　　　　　　　　　　　图7-47

03 按住鼠标左键在图像左侧拖曳出一个文本框，如图7-48所示；然后按组合键Ctrl+T打开【字符/段落】面板，接着在段落面板中设置段落对齐方式为【左对齐文本】；再在【字符】面板中设置字体为SimSun-ExtB、字体大小为14点、文本颜色为黑色，如图7-49和图7-50所示。

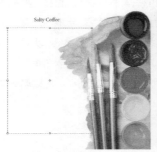

图7-48　　　　　　　　　　　　图7-49　　　　　　　　　　　　图7-50

04 在光标点处输入英文，当一行字超出文本框的宽度时，文字会自动换行，如图7-51所示；输入完毕后按组合键Ctrl+Enter提交文本，最终效果如图7-52所示。

图7-51　　　　　　　　　　　　　　　　图7-52

TIPS

（1）执行【编辑】>【查找和替换文本】菜单命令，打开【查找和替换文本】对话框，在该对话框中可以查找和替换指定的文字，如图7-53所示。

图7-53

（2）创建段落文本以后，可以根据实际需求来调整文本框的大小。文字会自动在调整后的文本框内重新排列。另外，通过文本框还可以旋转、缩放和斜切文字。

【案例总结】

在制作一些文字效果时，文字工具选项栏中的参数选项就相对较少，而【字符/段落】面板的参数就相对多一些，因而此时需要使用【字符/段落】面板中的相关参数为文字进行设置。如果输入的文字较多，就可以绘制一个文本框，本例主要是讲解如何使用文本框和【字符/段落】面板中的相关设置来输入点文字和段落文本。

课后习题：制作便签	实例位置	实例文件 >CH07> 制作便签 .psd
	素材位置	素材文件 >CH07>06.jpg
	视频名称	制作便签 .mp4

（扫码观看视频）

这是一个制作简单便签的练习，制作思路如图7-54和图7-55所示。

打开素材图片，然后打开【字符】面板设置字体、字体大小、文本颜色和特殊字符样式，再打开【段落】面板设置文本的对齐方式，接着在图像中绘制文本框并输入文字，最后调整文字角度并在【样式】面板中给文字添加样式。

最终效果图

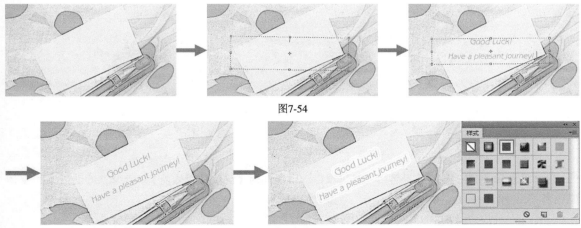

图7-54

图7-55

案例 67
路径文字：制作弧形文字

素材位置	素材文件 >CH07>07.jpg
实例位置	实例文件 >CH07> 制作弧形文字 .psd
视频名称	制作弧形文字 .mp4
技术掌握	掌握路径文字的制作方法

（扫码观看视频）

Photoshop CS6 完全自学案例教程（微课版）

最终效果图

【操作分析】

　　路径文字是指在路径上创建的文字，使用钢笔、直线和形状工具绘制路径，然后沿着该路径输入文本。文字会沿着路径排列，当改变路径形状时，文字的排列方式也会随之发生变化。

【重点工具】

　　使用【钢笔工具】📝绘制路径，使用【横排文字工具】Ⓣ输入文本。

【操作步骤】

01 打开"下载资源"中的"素材文件>CH07>素材07.jpg"文件，如图7-56所示。

02 使用【钢笔工具】📝在图像中绘制一条弧线路径，如图7-57所示。

图7-56　　　　　　　　　　　　　　　　　　图7-57

03 选择【横排文字工具】Ⓣ，然后在其选项栏设置字体为【汉仪柏青体简】、字体大小为40点、字体颜色为（C：0，M：73，Y：44，K：0），如图7-58所示。

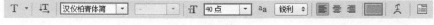

图7-58

04 将光标放在路径上，当光标变成 ⚊ 形状时，单击设置文字插入点，如图7-59所示；接着在路径上输入文字，此时可以发现文字会沿着路径排列，效果如图7-60所示。

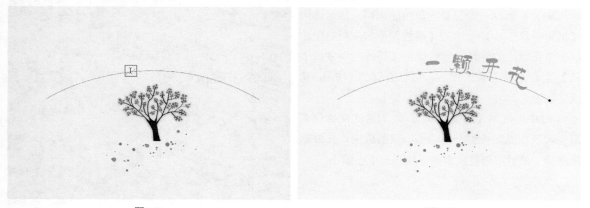

图7-59   图7-60

05 如果要调整文字在路径上的位置，可以选择【路径选择工具】▶或【直接选择工具】▷，然后将光标放在文本的起点、终点或文本上，当光标变成 ⚊ 形状时，如图7-61所示；拖曳光标即可沿路径移动文字，最终效果如图7-62所示。

图7-61   图7-62

TIPS

如果要取消选择的路径，可以在【路径】面板中的空白处单击鼠标左键。

【案例总结】

路径文字是文字根据路径的走向自动排列文字，本例主要是针对路径文字的创建方法进行练习，运用路径制作出简单的文字效果。创建路径时，本案例使用了【钢笔工具】 ✎ 绘制弧形，也可以使用【自定形状工具 🔲】绘制其他形状来制作路径文字。

课后习题：
制作螺旋状文字

实例位置	实例文件 >CH07> 制作螺旋状文字 .psd
素材位置	无
视频名称	制作螺旋状文字 .mp4

（扫码观看视频）

这是一个制作螺旋形状文字的练习，制作思路如图7-63和图7-64所示。

第1步：新建一个背景为黑色的文档，然后使用【自定形状工具】在中的【螺线】形状在画布中绘制一个正螺线的路径，然后使用【横排文字蒙版工具】在路径上输入文字，按组合键Ctrl+Enter完成文字输入。

第2步：使用【渐变工具】为选区文字填充渐变颜色，然后按组合键Ctrl+D取消选区，接着删除路径，最后将路径文字整体向画布中心缩小。

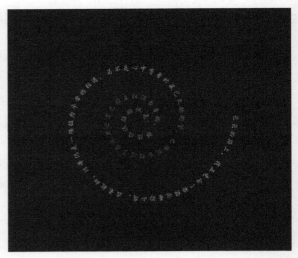

最终效果图

图7-63

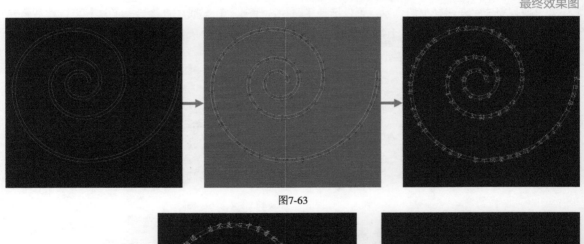

图7-64

案例 68
变形文字：制作挤压文字

素材位置	素材文件 >CH07>08.jpg
实例位置	实例文件 >CH07> 制作挤压文字 .psd
视频名称	制作挤压文字 .mp4
技术掌握	掌握变形文字的制作方法

（扫码观看视频）

最终效果图

【操作分析】

输入文字以后，在文字工具的选项栏中单击【创建文字变形】按钮，打开【变形文字】对话框，在该对话框中可以选择变形文字的方式。

【重点工具】

单击【创建文字变形】按钮，可以将文字变形，其对话框如图7-65所示。

图7-65

【变形文字】对话框选项介绍

◆ **水平/垂直**：选择【水平】选项时，文本扭曲的方向为水平方向；选择【垂直】选项时，文本扭曲的方向为垂直方向。

◆ **弯曲**：用来设置文本的弯曲程度。

◆ **水平扭曲**：设置水平方向的透视扭曲变形的程度。

◆ **垂直扭曲**：用来设置垂直方向的透视扭曲变形的程度。

【操作步骤】

01 打开"下载资源"中的"素材文件>CH07>素材08.jpg"文件，如图7-66所示。

图7-66

02 选择【直排文字工具】 ，然后在其选项栏设置字体为【方正舒体简体】、字体大小为65点、字体颜色为白色，如图7-67所示；接着在图像中灰色方块区域内单击输入文字，效果如图7-68所示。

图7-67

图7-68

03 单击选项栏的【创建文字变形】按钮 ，然后在打开的【变形文字】对话框中设置【样式】为【挤压】，选择文字扭曲方向为【水平】方向，再设置【弯曲】为50%、【水平扭曲】为3%、【垂直扭曲】为10%，如图7-69所示，效果如图7-70所示。

图7-69

图7-70

04 在【样式】面板中单击【双环发光（按钮）】图标 ，如图7-71所示，最终效果如图7-72所示。

图7-71

图7-72

【案例总结】

　　【变形文字】对话框中有很多种文字效果，使用者可根据自己的需要选择合适的变形效果。本例主要是创建文字并为文字添加变形效果，然后调整弯曲和扭曲程度，再添加样式，从而制作出特殊的文字效果。

课后习题：制作公益广告		
实例位置	**实例文件 >CH07> 制作公益广告 .psd**	
素材位置	**素材文件 >CH07>09.png**	
视频名称	**制作公益广告 .mp4**	

（扫码观看视频）

　　这是一个制作变形文字的练习，制作思路如图7-73和图7-74所示。

　　新建一个文档，然后将素材图片拖入该文档中，接着使用【横排文字工具】工在素材图片上方输入文字，再打开【变形文字】对话框设置变形样式和相应参数，最后在素材图片下方输入文字。

最终效果图

图7-73

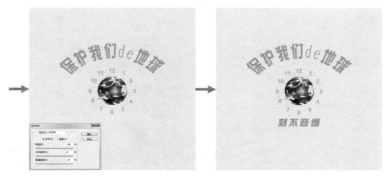

图7-74

案例 69
文字转换为形状：设计个性文字

素材位置	素材文件 >CH07>10.jpg
实例位置	实例文件 >CH07> 设计个性文字 .psd
视频名称	设计个性文字 .mp4
技术掌握	掌握文字转换为形状的方法

（扫码观看视频）

【操作分析】

选择文字图层，然后在图层名称上单击鼠标右键，接着在打开的菜单中选择【转换为形状】命令，可以将文字转换为形状图层。另外，执行【文字】>【转换为形状】菜单命令也可以将文字图层转换为形状图层。执行【转换为形状】命令以后，不会保留文字图层。

最终效果图

【重要命令】

执行【文字】>【转换为形状】菜单命令，可以将文字图层转换为形状图层。

【操作步骤】

01 打开 "下载资源" 中的 "素材文件>CH07>素材10.jpg" 文件，如图7-75所示。

02 选择【横排文字工具】 T，然后按组合键Ctrl+T打开【字符】面板，接着在面板中设置字体为【微软雅黑】、字体大小为100点、字距为200点、颜色为（C：77，M：34，Y：11，K：0），如图7-76所示；再在图像中输入 "印象" 两个字，最后按组合键Ctrl+Enter完成文字输入，效果如图7-77所示。

图7-75

图7-77

图7-76

03 按组合键Ctrl+T进入自由变换状态旋转文字，然后按Enter键确定变换，如图7-78和图7-79所示。

图7-78

图7-79

04 执行【文字】>【转换为形状】菜单命令，将文字图层转换为形状图层，如图7-80所示。

Photoshop CS6 完全自学案例教程（微课版）

218

05 使用【直接选择工具】 ⬚ 选择"印"字的路径，如图7-81所示；然后调整各锚点，调整好之后再选择"象"字的路径，接着进行锚点调整，效果如图7-82所示。

图7-80 图7-81 图7-82

06 双击【印象】图层缩略图，然后在打开的【图层样式】对话框中选择【斜面和浮雕】样式，接着设置【深度】为300%、【大小】为10像素、【软化】为2像素，再设置【高光模式】的【不透明度】为100%、【阴影模式】为【颜色减淡】、【不透明度】为40%，如图7-83所示。

07 在【斜面和浮雕】样式中单击【等高线】选项，然后单击【点按可打开"等高线"拾色器】按钮 ⬚，接着在打开的对话框中选择【半圆】，如图7-84所示。

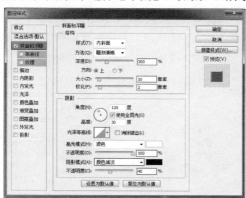

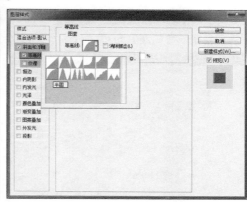

图7-83 图7-84

08 选中【内发光】样式，然后设置【混合模式】为【滤色】、【不透明度】为100%、【颜色】为（C：49，M：21，Y：19，K：0），接着设置【阻塞】为14%、【大小】为16像素，如图7-85所示。

09 选中【光泽】样式，然后设置【颜色】为（C：88，M：58，Y：29，K：0）、【不透明度】为45%、【角度】为19度、【距离】为19像素、【大小】为14像素，接着勾选【消除锯齿】选项，最后取消勾选【反相】选项，如图7-86所示。

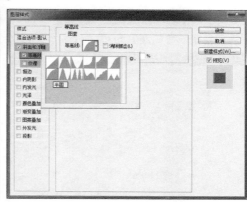

图7-85 图7-86

7

文字

219

⑩ 选中【颜色叠加】样式，然后设置【颜色】为（C：70，M：21，Y：5，K：0），接着选择【描边】样式，再设置【大小】为18像素，最后设置【颜色】为白色，如图7-87和图7-88所示。

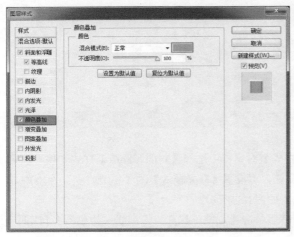

图7-87

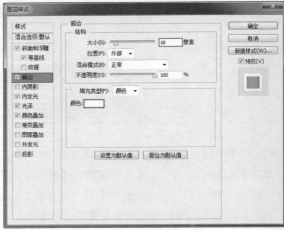

图7-88

⑪ 选中【投影】样式，接着设置【颜色】为（C：81，M：51，Y：36，K：0）、【角度】为120度、【距离】为18像素、【扩展】为7%、【大小】为16像素，如图7-89所示，最终效果如图7-90所示。

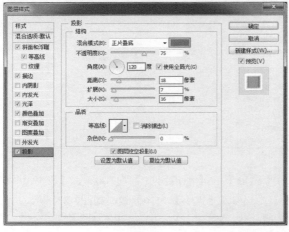

图7-89

图7-90

【案例总结】

　　将文字转换为形状后可以使用【直接选择工具】 ⯅ 调整锚点和路径，将文字变换成操作者想要的效果。本例主要针对如何使用文字形状制作艺术字进行练习，这个案例需要的是操作者的耐心，因为文字的锚点相对较多，调整起来比较费时。

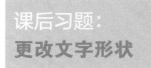

课后习题：
更改文字形状

实例位置	实例文件 >CH07> 更改文字形状 .psd
素材位置	无
视频名称	更改文字形状 .mp4

（扫码观看视频）

　　这是一个制作形状文字的练习，制作思路如图7-91所示。

新建一个文档，然后使用【横排文字工具】 T 输入文字，并执行【文字】>【转换为形状】菜单命令，将文字图层转换为形状图层，接着使用【直接选择工具】 ↖ 单击需要修改的文字，再调整锚点和路径，完成后在【背景】图层上新建一个【橙色】图层。

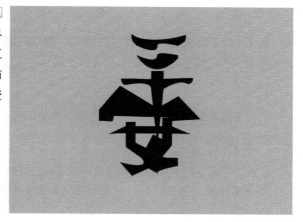

最终效果图

图7-91

案例 70
文字转换为工作路径：制作斑点文字

素材位置	素材文件 >CH07>11.jpg
实例位置	实例文件 >CH07> 制作斑点文字 .psd
视频名称	制作斑点文字 .mp4
技术掌握	掌握文字转换为工作路径的方法

（扫码观看视频）

最终效果图

【操作分析】

在【图层】面板中选择一个文字图层，然后执行【文字】>【创建工作路径】菜单命令，可以将文字的轮廓转换为工作路径，接着可以为路径描边。

【重要命令】

执行【文字】>【创建工作路径】菜单命令，可以将文字的轮廓转换为工作路径。

【操作步骤】

01 打开"下载资源"中的"素材文件>CH07>素材11.jpg"文件，如图7-92所示。

02 选择【直排文字工具】IT，然后在【字符】面板中设置字体为【汉仪综艺体繁】、字体大小为60点、字间距为200点、文本颜色为（C：77，M：34，Y：11，K：0），如图7-93所示；接着在图像右下角输入"礼物"两个字，如图7-94所示。

图7-92   图7-93   图7-94

03 设置前景色为（C：64，M：32，Y：18，K：0）、背景色为【白色】，然后双击文字图层【礼物】，接着在打开的【图层样式】对话框中选择【渐变叠加】样式，再设置【渐变】方式为【前景色到背景色渐变】、【角度】为90度，如图7-95所示，效果如图7-96所示。

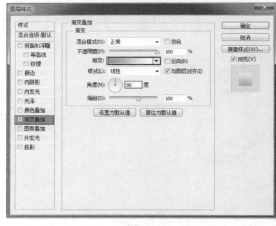

图7-95   图7-96

04 执行【文字】>【创建工作路径】菜单命令，为文字轮廓创建工作路径（隐藏文字图层可清晰地查看工作路径），效果如图7-97所示。

05 选择【画笔工具】，然后按F5键打开【画笔】面板，接着选择一种硬边画笔，最后设置【大小】为4像素、【硬度】为100%、【间距】为135%，设置如图7-98所示。

06 设置前景色为（C：66，M：46，Y：33，K：0），然后新建一个名称为【斑点】的图层，接着按Enter键为路径描边，效果如图7-99所示。

图7-97

图7-98

图7-99

07 按住组合键Ctrl+Enter将路径转换为选区，如图7-100所示；然后按组合键Ctrl+D取消选区，最终效果如图7-101所示。

图7-100

图7-101

【案例总结】

本例主要是针对如何通过文字路径来为文字描边而进行的制作斑点字的练习。案例中使用文字工具输入文字，然后将文字转换为工作路径，再使用【画笔工具】✍对路径进行描边，最后制作出斑点边的文字效果。

课后习题：制作描边文字	实例位置	实例文件 >CH07> 制作描边文字 .psd
	素材位置	素材文件 >CH07>12.jpg
	视频名称	制作描边文字 .mp4

（扫码观看视频）

这是一个制作文字渐变和描边的练习，制作思路如图7-102和图7-103所示。

第1步：打开素材图片，然后在图像右上角输入文字，接着在【图层样式】中为文字添加【渐变叠加】效果，最后为文字轮廓创建工作路径。

第2步：选择【画笔工具】✍，然后打开【画笔】对话框，在其中设置画笔的【形状】、【大小】和【间距】，接着新建一个图层，再按Enter键为路径描边，完成后按Delete键删除路径。

最终效果图

图7-102

图7-103

路径与矢量工具

众所周知，Photoshop是一款强大的位图处理软件，其实它在矢量图的处理上也毫不逊色，设计师可以使用钢笔工具和形状工具绘制矢量图形，然后通过控制锚点来调整矢量图形的形状，在图片处理后期与图像合成中的使用频率较高。本章主要介绍路径的绘制、编辑方法以及图像的绘制与应用技巧。

本章学习要点

- 钢笔工具的用法
- 描边路径和形状
- 路径的调整
- 形状工具组的用法

案例 71
钢笔工具：绘制平行四边形

素材位置	无
实例位置	实例文件 >CH08> 绘制平行四边形 .psd
视频名称	绘制平行四边形 .mp4
技术掌握	掌握钢笔工具的使用方法

（扫码观看视频）

【操作分析】

钢笔工具分为【钢笔工具】 ◇ 和【自由钢笔工具】 ◇ 。【钢笔工具】 ◇ 是最基本、最常用的路径绘制工具；【自由钢笔工具】 ◇ 可以绘制比较随意的路径、形状和像素，就像用铅笔在纸上绘图一样，在绘图时，将自动添加锚点，无须确定锚点的位置，完成路径后可进一步对其进行调整。

最终效果图

【重点工具】

使用【钢笔工具】 ◇ 可以绘制出很多图形，包含【形状】、【路径】和【像素】3种，因此，在绘图前，首先要在其选项栏中选择一种绘图模式，其选项栏如图8-1所示。

图8-1

【钢笔工具】选项介绍

◆ 类型：包括【形状】、【路径】和【像素】3个选项。选择【路径】绘图模式，可以在单独的一个形状图层中创建形状图层，并且保留在【路径】面版中，此外，路径可以转换为选区或创建矢量蒙版，也可以对其进行描边或填充；选择【路径】绘图模式，可以创建工作路径，但工作路径不会出现在【图层】面版中，只出现在【路径】面版中；选择【像素】绘图模式，可以在当前图像上创建出光栅化的图像，但这种绘图模式不能创建矢量图像，因此在【路径】面版中也不会出现路径，而且该绘图模式只在选择形状工具组时可用。

◆ 建立：单击【选区】按钮 选区... ，可以将当前路径转换为选区；单击【蒙版】按钮 蒙版 ，可以基于当前路径为当前图层创建矢量蒙版；单击【形状】按钮 形状 ，可以将当前路径转换为形状。

◆ 绘制模式 ◻ ：其用法和选区相同，可以实现路径的相加、相减和相交等运算。

🔵 TIPS

（1）路径运算方式

如果要使用钢笔或形状工具创建多个子路径或子形状，可以在工具选项栏中单击【路径操作】按钮 ◻ ，然后在打开的下拉菜单中选择一个运算方式，以确定子路径的重叠区域会产生什么样的交叉结果。

使用钢笔或形状工具时，单击【路径操作】按钮 ◻ 可以创建多个子路径或子形状，如图8-2所示。

图8-2

（2）路径运算方式介绍

新建图层 ◻ ：选择该选项，可以新建形状图层。

合并形状 ◻ ：选择该选项，新绘制的图形将添加到原有的形状中，使两个形状合并为一个形状。

减去顶层形状 ◻ ：选择该选项，可以从原有的形状中减去新绘制的形状。

与形状区域相交 ◻ ：选择该选项，可以得到新形状与原有形状的交叉区域。

排除重叠形状 ◻ ：选择该选项，可以得到新形状与原有形状重叠部分以外的区域。

合并形状组件 ◻ ：选择该选项，可以合并重叠的形状组件。

对齐方式 ◻ ：可以设置路径的对齐方式（文档中有两条以上的路径被选择的情况下可用）与文字的对齐方式类似。

◆ **排列顺序**：设置路径的排列方式。

◆ **橡皮带⚙**：可以设置路径在绘制的时候是否连续。

◆ **自动添加/删除**：如果勾选此选项，当【钢笔工具】🖊️移动到锚点上时，钢笔会自动转换为删除锚点样式；当移动到路径线上时，钢笔会自动转换为添加锚点的样式。

◆ **对齐边缘**：将矢量形状边缘与像素网格对齐（选择【形状】选项时，对齐边缘可用）。

【操作步骤】

01 按组合键Ctrl+N新建一个大小为20厘米×10厘米的文档，然后执行【视图】>【显示】>【网格】菜单命令，显示出网格，如图8-3所示。

02 选择【钢笔工具】🖊️，然后在其选项栏中选择【路径】绘图模式，接着将光标放在一个网格上，当光标变成🖊️形状时单击鼠标左键，确定路径的起点，如图8-4和图8-5所示。

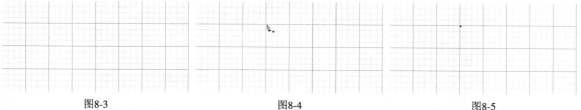

图8-3　　　　　　　　　　图8-4　　　　　　　　　　图8-5

03 将光标移动到下一个网格处，然后单击创建一个锚点，两个锚点会连接出一条直线路径，如图8-6所示。

04 继续在其他网格上创建出锚点，如图8-7所示。

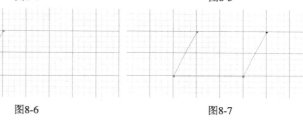

图8-6　　　　　　　　　　图8-7

05 将光标放在起点上，当光标变成🖊️形状时，如图8-8所示，单击鼠标左键闭合路径，然后取消网格，接着将路径保存在【路径】面版中，最终效果如图8-9所示。

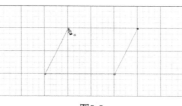

图8-8　　　　　　　　　　图8-9

TIPS

路径和锚点是并列存在的，有路径就必然存在锚点，锚点又是为了调整路径而存在的。

路径是一种轮廓，可以使用钢笔工具和形状工具来绘制，绘制的路径可以是开放式、闭合式和组合式，它主要有以下5点用途。

第1点：可以使用路径作为矢量蒙版来隐藏图层区域。

第2点：将路径转换为选区。

第3点：可以将路径保存在【路径】面版中，以备随时使用。

第4点：可以使用颜色填充或描边路径。

第5点：将图像导出到页面排版或矢量编辑程序时，可将已存储的路径指定为剪切路径，可以使图像的一部分变为透明。

路径是不能被打印出来的，因为它是矢量对象，不包含像素，只有在路径中填充颜色后才能打印出来。

路径由一个或多个直线段或曲线段组成，锚点标记路径段的端点。在曲线段上，每个选中的锚点显示一条或两条方向线。方向线以方向点结束，方向线和方向点的位置共同决定了曲线段的大小和形状。锚点分为平滑点和角点两种类型。由平滑点链接的路径段可以形成平滑的曲线；由角点链接起来的路径段可以形成直线或转折曲线。

　　本例主要是使用【钢笔工具】 的绘画功能和借助辅助线的定位功能来绘制平行四边形，绘制方法简单。因为路径是无法打印和保存在图层中的，所以绘制完成后可以填充路径或者为路径描边，也可以保存在【路径】面版中。

课后习题：
抠取动物剪影素材合成

实例位置	实例文件 >CH08> 抠取动物剪影素材合成 .psd
素材位置	素材文件 >CH08>01.jpg、02.jpg
视频名称	抠取动物剪影素材合成 .mp4

（扫码观看视频）

最终效果图

　　这是一个使用【钢笔工具】 抠图合成图片的练习，制作思路如图8-10所示。

　　打开素材图片，然后使用【钢笔工具】 在对象的轮廓边上绘制路径，绘制完成后将路径转换为选区，再拖曳到目标素材操作界面中。

图8-10

案例 72
描边路径和形状：制作红色描边五角星

素材位置	实例文件 >CH08> 制作红色描边五角星 .psd
实例位置	无
视频名称	制作红色描边五角星 .mp4
技术掌握	掌握描边路径和形状的方法

（扫码观看视频）

【操作分析】

　　描边路径与形状是一个非常重要的功能，在描边之前需要先设置好描边时使用的工具，比如画笔、铅笔、橡皮擦、仿制图章等，然后设置好描边的颜色和图案，使用描边功能可以制作出各种各样赏心悦目的图形。

最终效果图

【重点工具】

使用钢笔或形状工具绘制出路径，然后在路径上单击鼠标右键，在打开的菜单中选择【描边路径】命令，可以打开【描边路径】对话框，如图8-11所示，在该对话框中可以选择描边的工具。

TIPS

设置好画笔的参数以后。按Enter键可以直接为路径描边。另外，在【描边路径】对话框中有一个【模拟压力】选项，勾选该选项，可以使描边的线条产生比较明显的粗细变化。

图8-11

使用钢笔或形状工具绘制出形状图层以后，可以在选项栏中单击【设置形状描边类型】按钮，在打开的面版中可以选择纯色、渐变或图案对形状进行填充，如图8-12所示。

图8-12

形状描边类型介绍

◆ **无颜色**：单击该按钮，表示不应用描边，但会保留形状路径。

◆ **纯色**：单击该按钮，在打开的颜色选择面版中选择一种颜色，可以用纯色对形状进行描边。

◆ **渐变**：单击该按钮，在打开的渐变选择面版中选择一种颜色，可以用渐变色对形状进行描边。

◆ **图案**：单击该按钮，在打开的图案选择面版中选择一种图案，可以用图案对形状进行描边。

◆ **拾色器**：在对形状描边纯色或渐变色时，可以单击该按钮打开【拾色器（渐变色）】对话框，然后选择一种颜色作为纯色或渐变色。

◆ **设置形状描边宽度**：用于设置描边的宽度。

◆ **设置形状描边类型**：单击该按钮，可以选择描边的样式等选项，如图8-13所示。

图8-13

◆ **描边样式**：选择描边的样式，包含实线、虚线和圆点线3种。

◆ **对齐**：选择描边与路径的对齐方式，包含内部、居中和外部3种。

◆ **端点**：选择路径端点的样式，包含端面、圆形和方形3种。

◆ **角点**：选择路径转折处的样式，包含斜接、圆形和斜面3种。

◆ 更多选项 更多选项... ：单击该按钮，可以打开【描边】对话框，如图8-14所示，在该对话框中除了可以设置上面的选项以外，还可以设置虚线的间距。

图8-14

TIPS

（1）路径面版

【路径】面版主要用来保存和管理路径。在【路径】面版中显示了存储的所有路径、工作路径和矢量蒙版的名称和缩览图。

执行【窗口】>【路径】菜单命令，打开【路径】面版，如图8-15所示，其面版菜单如图8-16所示。

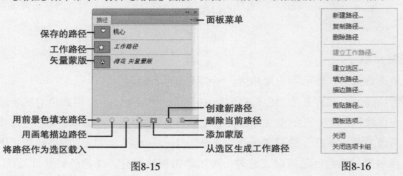

图8-15   图8-16

（2）路径面版选项介绍

用前景色填充路径 ● ：单击该按钮，可以用前景色填充路径区域。

用画笔描边路径 ○ ：单击该按钮，可以用设置好的【画笔工具】对路径进行描边。

将路径作为选区载入 ⚬ ：单击该按钮，可以将路径转换为选区。

从选区生成工作路径 ◇ ：如果当前文档中存在选区，单击该按钮，可以将选区转换为工作路径。

添加蒙版 ▣ ：单击该按钮，可以从当前选定的路径生成蒙版。选择【路径】面版中的问号路径，然后单击【添加蒙版】按钮，可以用当前路径为【图层1】添加一个矢量蒙版。

创建新路径 ▫ ：单击该按钮，可以创建一个新的路径。

删除当前路径 🗑 ：将路径拖曳到该按钮上，可以将其删除。

【操作步骤】

01 按组合键Ctrl+N新建一个文档，然后设置【名称】为【描边五角星】、【宽度】为20厘米、【高度】为20厘米、【分辨率】为100像素，再单击【确定】按钮 确定 ，如图8-17所示。

02 单击【图层】面版底部的【创建新图层】按钮 ▫ 创建一个图层，然后设置前景色为黑色，再按组合键Alt+Delete填充前景色，如图8-18所示；接着单击【钢笔工具】 ✎ ，并在画布中绘制出五角星的路径图，如图8-19和图8-20所示。

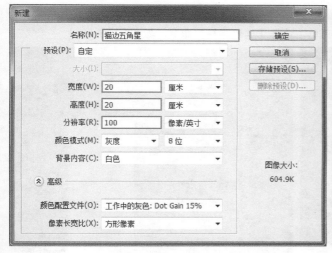

图8-17

图8-18

图8-19

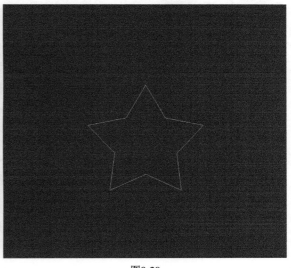

图8-20

03 选择【画笔工具】 ✎ ，然后在选项栏单击【切换画笔面版】按钮 🖌 打开【画笔】对话框，接着在对话框

中选择【画笔笔尖形状】为
尖角55，设置【大小】为8像
素、【间距】为31%，如图8-21
所示；再在【散布】选项中设
置【两轴】为120%、【数量】
为1、【数量抖动】为100%，
如图8-22所示；最后在【传
递】选项中设置【不透明抖
动】为50%，如图8-23所示。

图8-21

图8-22

图8-23

04 新建一个图层，然后设置前景色为【红色】，并选择【钢笔工具】 ，接着将钢笔放在路径线上单击鼠标右键，如图8-24所示；并在打开的下拉菜单中选择【描边路径】命令，如图8-25所示。

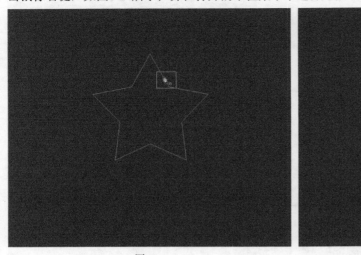

图8-24   图8-25

05 在打开【描边路径】对话框中选择【画笔】工具，如图8-26所示，效果如图8-27所示；然后按Delete键删除路径，最终效果如图8-28所示。

图8-26   图8-27   图8-28

【案例总结】

本案例主要是先使用【钢笔工具】 绘制出路径形状，然后使用【画笔工具】 为路径描边，最后再删除路径。Photoshop中描边的方法有很多种，这只是其中的一种，使用者可以根据自己的操作习惯选择描边方法。

实例位置	实例文件 >CH08> 绘制松树 .psd
素材位置	无
视频名称	绘制松树 .mp4

（扫码观看视频）

这是一个简单的给树描边的练习，制作思路如图8-29所示。

新建一个文档，然后使用【钢笔工具】 绘制出树的形状，接着在其选项栏设置填充颜色和描边颜色即可。

最终效果图

图8-29

案例 73
路径的调整：五边形形状的转换

素材位置	实例文件 >CH08> 五边形形状的转换 .psd
实例位置	无
视频名称	五边形形状的转换 .mp4
技术掌握	掌握路径调整的方法

（扫码观看视频）

【操作分析】

　　路径和锚点是并列存在的，有路径就必然存在锚点，锚点又是为了调整路径而存在的。路径绘制好以后，如果需要进行修改，可以使用控制锚点的方法调整路径的形状。

【重点工具】

　　（1）添加锚点工具

　　使用【添加锚点工具】，可以在路径上添加锚点。将光标放在路径上，当光标变成 形状时，在路径上单击即可添加一个锚点。添加锚点以后，可以用【直接选择工具】对锚点进行调节。

最终效果图

　　（2）删除锚点工具

　　使用【删除锚点工具】可以删除路径上的锚点。将光标放在锚点上，当光标变成 形状时，单击鼠标左键即可删除锚点。

 TIPS

　　路径上的锚点越多，这条路径就越复杂，而越复杂的路径就越难编辑，这时最好是先使用【删除锚点工具】删除多余的锚点，降低路径的复杂程度后再对其进行相应的调整。

　　（3）转换点工具

　　【转换点工具】主要用来转换锚点的类型。在平滑点上单击，可以将平滑点转换为角点，在角点上单击，然后拖曳光标可以将角点转换为平滑点。

　　（4）路径选择工具

　　使用【路径选择工具】可以选择单个路径，也可以选择多个路径，同时它还可以用来组合、对齐和分布路径，其选项栏如图8-30所示。

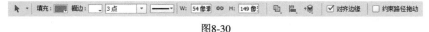

图8-30

 TIPS

　　【移动工具】不能用来选择路径，只能用来选择图像，只有用【路径选择工具】才能选择路径。

（5）直接选择工具

【直接选择工具】主要用来选择路径上的单个或多个锚点，可以移动锚点、调整方向线，其选项栏如图8-31所示。

图8-31

【操作步骤】

01 按组合键Ctrl+N新建一个文档，设置【名称】为【路径的调整】、【预设】为【默认Photoshop大小】，设置如图8-32所示。

图8-32

02 使用【钢笔工具】在画布中绘制出五边形，如图8-33所示；然后选择【添加锚点工具】将光标放在其边的中间点上，当光标变成 形状时，单击即可添加一个锚点，如图8-34和图8-35所示。

图8-33   图8-34   图8-35

03 使用【直接选择工具】对锚点进行调节，如图8-36和图8-37所示；然后使用【添加锚点工具】在其他边中间点添加锚点，并使用【直接选择工具】对锚点进行调节，效果如图8-38所示。

图8-36   图8-37   图8-38

04 选择【删除锚点工具】，然后将光标放在锚点上，当光标变成 形状时，单击鼠标左键即可删除锚点，如图8-39和图8-40所示；接着删除其他多余锚点，效果如图8-41所示。

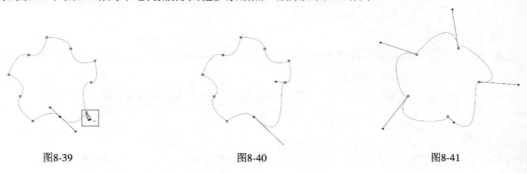

图8-39   图8-40   图8-41

05 使用【转换点工具】 单击所有锚点可以将曲线转换为直线，如图8-42所示，最终效果如图8-43所示。

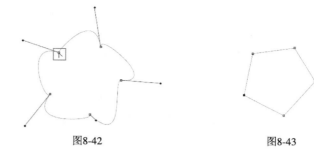

图8-42　　　　　　　　　图8-43

【案例总结】

　　本案例主要讲解了如何使用锚点工具、转换点工具、路径选择工具来调整路径，路径的调整在绘制路径和抠图时经常使用，因为一条完美的路径很少一次就能绘制完成，往往需要经过多次修改才能令人满意。

案例74
矩形工具：制作婴儿照片墙

素材位置	素材文件 >CH08>03.jpg、04.jpg
实例位置	实例文件 >CH08> 制作婴儿照片墙 .psd
视频名称	制作婴儿照片墙 .mp4
技术掌握	掌握矩形工具的使用方法

（扫码观看视频）

8 路径与矢量工具

【操作分析】

　　使用【矩形工具】  可以创建出正方形和矩形的形状、路径和像素，其使用方法与【矩形选框工具】 类似。

最终效果图

【重点工具】

　　使用【矩形工具】 绘制图形时，按住Shift键可以绘制出正方形；按住Alt键可以以鼠标单击点为中心绘制矩形；按住组合键Shift+Alt可以以鼠标单击点为中心绘制正方形，【矩形工具】 的选项栏如图8-44所示。

图8-44

【矩形工具】选项介绍

◆　建立：单击【选区】按钮 ，可以将当前路径转换为选区；单击【蒙版】按钮 ，可以基于当前路径为当前图层创建矢量蒙版；单击【形状】按钮 ，可以将当前路径转换为形状。

◆　矩形选项 ：单击该按钮，可以在打开的下拉菜单中设置矩形的创建方法，如图8-45所示。

图8-45

◆　不受约束：勾选该选项，可以绘制出任何大小的矩形。

◆　方形：勾选该选项，可以绘制出任何大小的正方形。

◆ 固定大小：勾选该选项后，可以在其后面的数值输入框中输入宽度（W）和高度（H），然后在图像上单击，即可创建出矩形。

◆ 比例：勾选该选项后，可以在其后面的数值输入框中输入宽度（W）和高度（H），此后创建的矩形始终保持这个比例。

◆ 从中心：以任何方式创建矩形时，勾选该选项，鼠标单击点即为矩形的中心。

◆ 对齐边缘：勾选该选项后，可以使矩形的边缘与像素的边缘相重合，这样图形的边缘就不会出现锯齿，反之则会出现锯齿。

 TIPS

圆角矩形工具

使用【圆角矩形工具】可以创建出具有圆角效果的矩形，其创建方法和选项与矩形完全相同，只不过多了一个【半径】选项，如图8-46所示。【半径】选项用来设置圆角的半径，值越大，圆角越大。

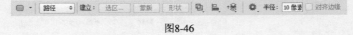

图8-46

【操作步骤】

01 打开"下载资源"中的"素材文件>CH08>素材03.jpg"文件，如图8-47所示。

02 打开"下载资源"中的"素材文件>CH08>素材04jpg"文件，然后拖曳到之前的文档中得到【图层1】，接着将其调整到合适大小，如图8-48所示。

图8-47   图8-48

03 选择【圆角矩形工具】，然后在其选项栏设置绘制方式为【路径】、【半径】为30像素，如图8-49所示；接着在图像中绘制圆角矩形，并在圆角矩形内单击鼠标右键，最后在打开的下拉菜单中选择【建立选区】命令，如图8-50所示。

图8-49

图8-50

04 在打开的【建立选区】对话框中，设置【羽化半径】为2像素并勾选【消除锯齿】，设置如图8-51所示，效果如图8-52所示。

图8-51   图8-52

05 按组合键Shift+Ctrl+I反向选择选区，如图8-53所示；然后按Delete键删除选区，接着按组合键Ctrl+D取消选择，效果如图8-54所示。

图8-53   图8-54

06 使用【椭圆选框工具】◯在图片右上角绘制一个正圆，然后按Delete键删除选区，接着按组合键Ctrl+D取消选择，效果如图8-55所示。

07 双击【图层1】的缩略图，在打开的【图层样式】对话框中选中【投影】样式，然后设置【角度】为－24度、【距离】为3像素、【大小】为3像素，如图8-56所示；接着选中【内阴影】样式，再设置【角度】为－24度、【距离】为3像素、【大小】为3像素，如图8-57所示。

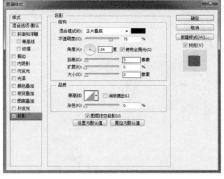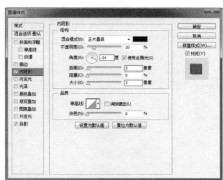

图8-55   图8-56   图8-57

08 选中【斜面和浮雕】样式，然后设置【样式】为【浮雕效果】、【方法】为【平滑】、【深度】为1%、【大小】为0像素、【软化】为1像素、【高度】为37度，如图8-58所示，效果如图8-59所示。

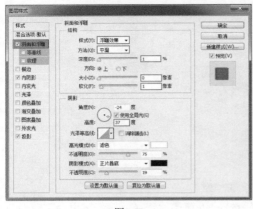 

图8-58　　　　　　　　　　　　　　　　　图8-59

09 调整图像的位置、大小及角度，如图8-60所示；然后按组合键Ctrl+J复制【图层1】得到【图层1副本】，接着调整副本的位置、大小及角度，效果如图8-61所示。

图8-60　　　　　　　　　　　　　　　　　图8-61

10 将【背景】图层复制一层得到【背景副本】，然后降低其【不透明度】，再使用【橡皮擦工具】 擦除方框以外的区域，如图8-62所示；接着调回其【不透明度】，效果如图8-63所示。

图8-62　　　　　　　　　　　　　　　　　图8-63

11 执行【图像】>【图像旋转】>【水平翻转画布】菜单命令，最终效果如图8-64所示。

图8-64

【案例总结】

　　本例主要是使用【圆角矩形工具】 ▣来制作婴儿照片，再给其添加一些图层样式，使照片呈现出立体效果。这只是该工具的其中一种用法，在操作时可以根据具体情况使用该工具。

<table>
<tr><td rowspan="3" style="background:gray">课后习题：
绘制正六面体</td><td>实例位置</td><td>实例文件 >CH08> 绘制正六面体 .psd</td></tr>
<tr><td>素材位置</td><td>无</td></tr>
<tr><td>视频名称</td><td>绘制正六面体 .mp4</td></tr>
</table>

（扫码观看视频）

　　这是一个绘制六面体的练习，制作思路如图8-65所示。

　　第1步：新建一个文档，然后新建一个图层，并使用【矩形工具】▣在画布中绘制一个正方形。

　　第2步：复制【图层1】得到【图层1 副本】，然后选中复制图层，接着按组合键Ctrl+T进入自由变换状态，并在其选项栏设置参数，最后将对象拖曳到画布中合适位置。

最终效果图

　　第3步：复制【图层1副本】得到【图层1副本2】，然后选中该复制图层，接着按组合键Ctrl+T进入自由变换状态，并单击鼠标右键，在打开的菜单中依次选择【逆时针旋转90度】和【水平翻转】命令，最后将对象拖曳到画布中的合适位置。

　　第4步：为【背景】图层外的三个图层描边，然后合并这三个图层，接着设置【图层样式】，为正方体添加阴影效果。

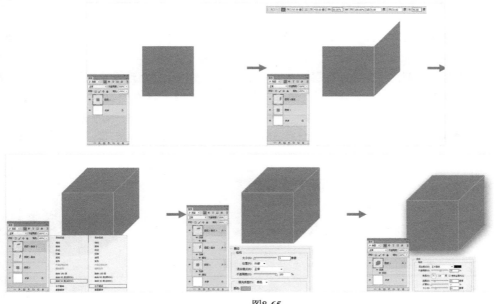

图8-65

案例 75
椭圆工具：制作金属水晶按钮

素材位置	无
实例位置	实例文件 >CH08> 制作金属水晶按钮 .psd
视频名称	制作金属水晶按钮 .mp4
技术掌握	掌握椭圆工具的使用方法

（扫码观看视频）

【操作分析】

使用【椭圆工具】◎可以创建出椭圆和圆形，如果要创建椭圆，可以拖曳鼠标进行创建；如果要创建圆形，可以按住Shift键或组合键Shift+Alt（以鼠标单击点为中心）进行创建。

【重点工具】

在【工具箱】中选择【椭圆工具】◎，其选项栏设置选项如图8-66所示。

最终效果图

图8-66

【椭圆工具】选项介绍

◆ 无颜色▱：单击该按钮，表示不应用填充，但会保留形状路径。

◆ 纯色■：单击该按钮，在打开的颜色选择面版中选择一种颜色，可以用纯色对形状进行填充。

◆ 渐变▤：单击该按钮，在打开的渐变选择面版中选择一种颜色，可以用渐变色对形状进行填充。

◆ 图案▨：单击该按钮，在打开的图案选择面版中选择一种图案，可以用图案对形状进行填充。

◆ 拾色器▣：在对形状填充纯色或渐变色时，可以单击该按钮，打开【拾色器（填充颜色）】对话框，然后选择一种颜色作为纯色或渐变色。

【操作步骤】

01 按组合键Ctrl+N新建一个文档，设置【名称】为【金属水晶按钮】、【预设】为【默认Photoshop大小】，设置如图8-67所示。

02 单击【图层】面版底部的【创建新图层】按钮 ▫ 新建一个图层，然后选择【椭圆工具】◎，接着在其选项栏设置【绘制模式】为【形状】、【填充】为【黑,白渐变】、【渐变类型】为【线性】、【描边】为无，如图8-68所示；最后在画布中绘制一个填充了渐变色的椭圆，如图8-69所示。

图8-67

图8-68

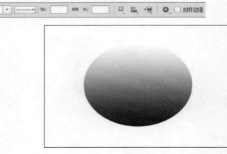

图8-69

03 按组合键Ctrl+Enter将椭圆转换为选区，然后在【图层】面版新建一个图层，接着设置前景色为蓝色（C：86，M：79，Y：0，K：0）；再按组合键Alt+Delete填充前景色，如图8-70所示；最后按组合键Ctrl+T进入自由变换状态将选区缩小，效果如图8-71所示。

图8-70   图8-71

04 保持选区新建一个图层，然后选择【渐变工具】▣，并设置前景色为（C：55，M：6，Y：3，K：0），然后在其选项栏设置【点按可编辑渐变】为【前景色到透明渐变】、【渐变方式】为【线性渐变】，设置如图8-72所示；接着在选区内由下至上拖出渐变，如图8-73所示，效果如图8-74所示。

05 保持选区新建一个图层，然后设置前景色为白色，接着选择【大小】为150像素的柔边【画笔工具】✎在选区中下方单击一下鼠标，效果如图8-75所示。

图8-72

图8-73   图8-74   图8-75

06 继续新建一个图层，然后填充前景色为黑色，如图8-76所示；接着执行【选择】>【修改】>【收缩】菜单命令，并在打开的对话框中设置【收缩量】为3像素，如图8-77所示；再执行【选择】>【修改】>【羽化】菜单命令，最后在打开的对话框中设置【羽化半径】为5像素，如图8-78所示，效果如图8-79所示。

图8-76   图8-77   图8-78   图8-79

07 按Delete键删除选区，图层如图8-80所示，最终效果如图8-81所示。

【案例总结】

本案例是讲解如何使用【椭圆工具】◉制作金属水晶按钮，案例中主要通过绘制椭圆、为椭圆填充颜色及收缩和羽化选区来成功制作金属水晶按钮，其他形状的按钮都可以按照此种方式进行制作。

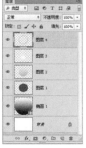   

图8-80   图8-81

课后习题：制作圆柱体

实例位置	实例文件 >CH08> 制作圆柱体 .psd
素材位置	无
视频名称	制作圆柱体 .mp4

（扫码观看视频）

最终效果图

这是一个制作圆柱体的练习，制作思路如图8-82和图8-83所示。

第1步：新建一个文档，然后新建一个图层，并填充浅灰色，接着选择【椭圆工具】 ◎，再在其选项栏设置相关参数，渐变颜色、渐变方式和渐变角度，最后在画布中绘制长方形。

第2步：选择【椭圆工具】 ◎，然后在其选项栏设置相关参数包括渐变颜色、渐变方式和渐变角度，接着在长方形下方绘制椭圆形作为圆柱体的底部，用相同方法绘制长方体顶部的椭圆。

第3步：利用路径和斜切变换画圆柱体的影子，完成后将路径转换为选区，然后填充渐变颜色，再取消选区。

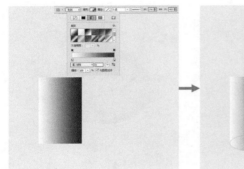

图8-82

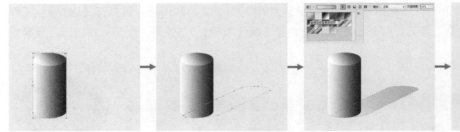

图8-83

案例 76
直线工具和多边形工具：制作墙面装饰贴图

素材位置	素材文件 >CH08>05.jpg、06.png
实例位置	实例文件 >CH08> 制作墙面装饰贴图 .psd
视频名称	制作墙面装饰贴图 .mp4
技术掌握	掌握直线工具和多边形工具使用方法

（扫码观看视频）

【操作分析】

使用【直线工具】 ╱ 可以创建出直线和带有箭头的路径；使用【多边形工具】 ◎ 可以创建出多边形（最少为3条变）和星形。

Photoshop CS6 完全自学案例教程（微课版）

最终效果图

【重点工具】

（1）直线工具

选择【工具箱】中的【直线工具】 ／ ，其选项栏如图8-84所示。

【直线工具】选项介绍

◆ 粗细：设置直线或箭头线的粗细。

◆ 箭头选项 ：单击该按钮，可以打开箭头选项面版，在该面版中可以设置箭头的样式。

起点/终点：勾选【起点】选项，可以在直线的起点处添加箭头；勾选【终点】选项，可以在直线的终点处添加箭头；勾选【起点】和【终点】选项，则可以在两头都添加箭头。

宽度：用来设置箭头宽度与直线宽度的百分比，范围为10%~1000%。

长度：用来设置箭头长度与直线宽度的百分比，范围为10%~5000%。

凹度：用来设置箭头的凹陷程度，范围为—50%~50%。值为0%时，箭头尾部平齐；值大于0%时，箭头尾部向内凹陷；值小于0%时，箭头尾部向外凸出。

图8-84

（2）多边形工具

选择工具箱中的【多边形工具】 ，其选项栏如图8-85所示。

【多边形工具】选项介绍

◆ 边：设置多边形的边数，设置为3时，可以创建出正三角形；设置为5时，可以绘制出正五边形。

图8-85

 TIPS

在创建多边形时，可以在选项栏设置好边数，然后在画布上拖曳鼠标即可得到相应边数的多边形；也可以在画布上单击，在打开的【创建多边形】对话框中设置相应的参数，单击【确定】按钮 确定 即可，如图8-86所示。

图8-86

243

◆ **多边形选项** ⚙：单击该按钮，可以打开多边形选项面版。在该面版中可以设置多边形的半径，或将多边形创建为星形等。

半径：用于设置多边形或星形的【半径】长度。设置好【半径】数值以后，在画布中拖曳鼠标即可创建出相应半径的多边形或星形。

滑拐角：勾选该选项以后，可以创建出具有平滑拐角效果的多边形或星形。

◆ **星形**：勾选该选项以后，可以创建星形，下面的【缩进边依据】选项主要用来设置星形边缘向中心缩进的百分比，数值越高，缩进量越大。

◆ **平滑缩进**：勾选该选项以后，可以使星形的每条边向中心平滑缩进。

【操作步骤】

01 打开"下载资源"中的"素材文件>CH08>素材05.jpg"文件，如图8-87所示。

图8-87

02 新建一个图层，然后选择【直线工具】▱，并在其选项栏设置绘图模式为【像素】、【粗细】为1像素，设置如图8-88所示；接着按住Shift键在图像中绘制竖直线，如图8-89和图8-90所示。

图8-88

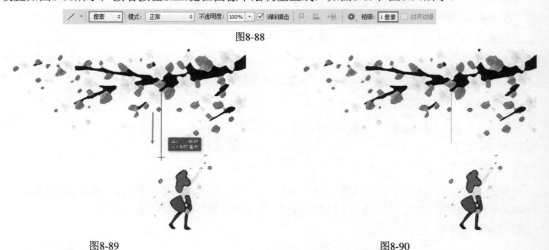

图8-89　　　　　　　　　　　　　　　　图8-90

03 按组合键Ctrl+J复制多个直线图层，然后将直线移动到图像中合适位置并调整其长短，效果如图8-91所示；接着选中所有直线图层，再按组合键Ctrl+G为其创建【直线】组，图层如图8-92所示。

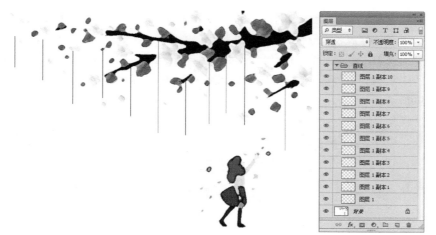

图8-91

图8-92

04 新建一个图层，然后选择【多边形工具】 ，并在其选项栏设置绘图模式为【像素】、【边】为5；接着单击【多边形选项】 按钮，在其下拉列表中勾选【平滑拐角】、【星形】和【平滑缩进】选项，设置如图8-93所示；最后在直线末端绘制多边形，效果如图8-94所示。

图8-93

图8-94

05 在【多边形工具】 选项栏调整边的数量及【平滑拐角】、【星形】和【平滑缩进】选项，然后在图像中绘制多边形，效果如图8-95所示；接着选中所有多边形图层，再按组合键Ctrl+G为其创建【多边形】组，图层如图8-96所示。

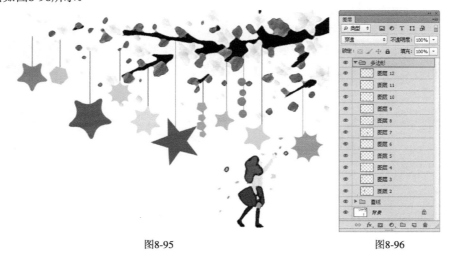

图8-95

图8-96

06 打开"下载资源"中的"素材文件>CH08>素材06.png"文件，然后拖曳到之前操作的文档中，并调整图片大小，使其刚好放入星形中，如图8-97所示。

07 复制多个人物图片图层，然后按组合键Ctrl+G为其创建【卡通人物】组，图层如图8-98所示；接着移动复制的图片到其他多边形内，并根据需要调整大小和执行【水平翻转】命令，使其更加美观，最终效果如图8-99所示。

图8-97   图8-98   图8-99

【案例总结】

本案例主要制作的是一张墙面装饰贴画，首先使用【直线工具】 ╱ 绘制直线，然后复制多份，再在直线末端使用【多边形工具】 ◎ 绘制一些多边形，最后在多边形内添加一些素材来装饰图像。

课后习题：		
制作金属齿轮		
实例位置	**实例文件 >CH08> 制作金属齿轮 .psd**	
素材位置	**无**	
视频名称	**制作金属齿轮 .mp4**	

（扫码观看视频）

这是一个制作金属齿轮的练习，制作思路如图8-100和图8-101所示。

第1步：新建一个文档，然后使用【多边形工具】 ◎ 在画布中绘制一个正多边形，接着按住Shift键使用【直接选择工具】 ▷ 选中多边形内的所有节点，再调出自由变换框，最后在其选项栏设置角度为5度。

第2步：将路径转换为选区，然后新建一个图层，并填充深灰色，接着使用【椭圆选框工具】 ○ 在多边形正中间绘制一个圆，再删除选区，最后为多边形添加【斜面和浮雕】与【投影】样式。

最终效果图

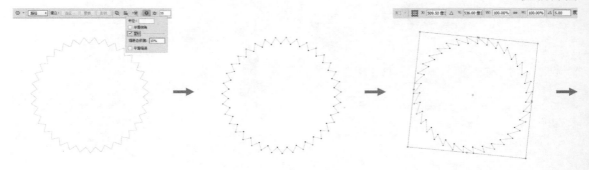

图8-100

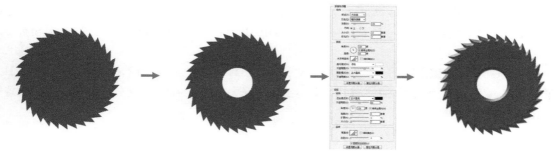

图8-101

案例 77
自定义形状工具：制作"一箭穿心"图形

素材位置	无
实例位置	实例文件 >CH08> 制作"一箭穿心"图形 .psd
视频名称	制作"一箭穿心"图形 .mp4
技术掌握	掌握自定义形状工具的使用方法

（扫码观看视频）

【操作分析】

使用【自定形状工具】 可以创建出非常多的形状，这些形状既可以是Photoshop的预设，也可以是使用者自定义或加载的外部形状。

【重点工具】

选择工具箱中的【自定形状工具】 ，其选项栏如图8-102所示。

最终效果图

图8-102

> **TIPS**
>
> 在选项栏中单击图标，打开【自定形状】拾色器，可以看到Photoshop只提供了少量的形状，这时我们可以单击 图标，然后在打开的菜单中选择【全部】命令，如图8-103所示，这样就可将Photoshop预设的所有形状都加载到【自定形状】拾色器中了。

图8-103

【操作步骤】

01 按组合键Ctrl+N新建一个文档，设置【名称】为【箭心】、【预设】为【默认Photoshop大小】，设置如图8-104所示。

图8-104

02 选择【自定形状工具】，然后在其选项栏设置绘图模式为【形状】、【填充】为【红色】、【描边】无、【形状】为【红心形卡】，设置如图8-105所示；接着按住Shift键在画布中绘制出桃心，如图8-106所示。

03 双击桃心图层的缩略图打开【图层样式】对话框，然后在【斜面和浮雕】样式中设置【样式】为【内斜面】、【方法】为【平滑】、【深度】为256%、【大小】为27像素、【软化】为4像素，设置如图8-107所示。

图8-105

图8-106   图8-107

04 在【描边】样式中设置【大小】为2像素、【位置】为【外部】、【不透明度】为49%、【颜色】为【红色】，如图8-108所示；接着在【投影】样式中设置【不透明度】为25%、【距离】为5像素、【大小】为5像素，设置如图8-109所示，效果如图8-110所示。

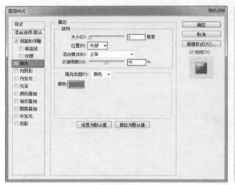

图8-108   图8-109   图8-110

05 按组合键Ctrl+J复制【桃心】图层得到【桃心副本】图层，然后将其向左上方轻轻拖曳，效果如图8-111所示。

图8-111

06 选择【自定形状工具】 ，然后在其选项栏设置绘图模式为【形状】、【填充】为【黑色】、【描边】无、【形状】为【箭头16】，设置如图8-112所示；接着在桃心上绘制出箭头，再使用【橡皮擦工具】 擦除多余的部分，效果如图8-113所示。

07 双击【箭头】图层打开【图层样式】对话框，然后在【斜面和浮雕】样式中设置【样式】为【内斜面】、【方法】为【雕刻清晰】、【深度】为439%、【大小】为5像素、【软化】为0像素，设置如图8-114所示。

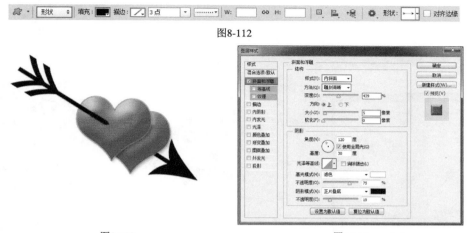

图8-112

图8-113   图8-114

08 在【纹理】样式中设置在【图案】为【野地（128×128像素，RGB模式）】，如图8-115所示；然后在【投影】样式中设置【不透明度】为14%、【距离】为5像素、【大小】为5像素，设置如图8-116所示，最终效果如图8-117所示。

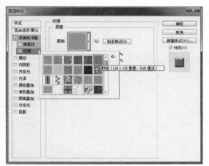

图8-115   图8-116   图8-117

【案例总结】

　　本案例主要是由黑色的箭头和红色的桃心组成，制作该图形首先使用【自定形状工具】 绘制出相应图形，然后为图形添加【图层样式】和图案，使图形具有一定质感和立体感，以达到逼真的效果。

课后习题：制作剪纸	实例位置	实例文件 >CH08> 制作剪纸 .psd
	素材位置	无
	视频名称	制作剪纸 .mp4

（扫码观看视频）

这是一个给形状填充颜色和描边的练习，制作思路如图8-118所示。

新建一个文档，然后设置文档参数，接着选择【自定形状工具】，并在其选项栏设置相关参数，再在画布中绘制形状，最后按Delete键删除路径。

最终效果图

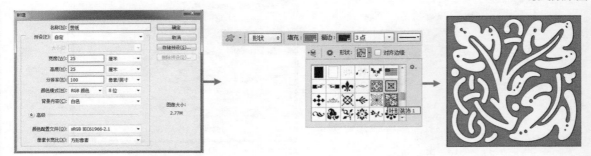

图8-118

蒙版

　　蒙版原本是摄影术语，指的是用于控制照片不同区域曝光的传统暗访技术。而在Photoshop中处理图像时，常常需要隐藏一部分图像，使它们不显示出来，蒙版就是这样一种可以隐藏图像的工具。

本章学习要点

- 蒙版的【属性】面版
- 快速蒙版色的使用方法
- 剪贴蒙版的使用方法
- 矢量蒙版的使用方法
- 图层蒙版的使用方法

案例 78
[属性]面版：空中舞者

素材位置	素材文件 >CH09>01.jpg、02.jpg
实例位置	实例文件 >CH09> 空中舞者 .psd
视频名称	空中舞者 .mp4
技术掌握	掌握【属性】面版的使用方法

（扫码观看视频）

【操作分析】

　　蒙版是一种灰度图像，其作用就像一张布，可以遮盖住处理区域中的一部分或全部，当对处理区域内进行模糊、上色等操作时，被蒙版遮盖起来的部分就不会受到影响。使用蒙版编辑图像，可以避免因为使用橡皮擦或剪切、删除等造成的失误操作。另外，还可以对蒙版应用一些滤镜，以得到一些意想不到的特效。

最终效果图

【重点工具】

　　【属性】面版不仅可以设置调整图层的参数，还可以对蒙版进行设置。创建蒙版以后，在【属性】面版中可以调整蒙版的浓度、羽化范围等，如图9-1所示。

【属性】面板选项介绍

◆ 选择的蒙版：显示在【图层】面版中选择的蒙版类型。

◆ 添加/选择图层蒙版 █/█：如果为图层添加了矢量蒙版，该按钮显示为【添加图层蒙版】█，单击该按钮，可以为当前选择的图层添加一个像素蒙版。添加像素蒙版以后，则该按钮显示为【选择图层蒙版】█，单击该按钮，可以选择像素蒙版（图层蒙版）。

添加 / 选择图层蒙版
添加 / 选择矢量蒙版
选择的蒙版
从蒙版中载入选区
应用蒙版
停止 / 启用蒙版
删除蒙版

图9-1

◆ 添加/选择矢量蒙版 █/█：如果为图层添加了像素蒙版，该按钮显示为【添加矢量蒙版】█，单击该按钮，可以为当前选择的图层添加一个矢量蒙版。添加矢量蒙版以后，则该按钮显示为【选择矢量蒙版】█，单击该按钮可以选择矢量蒙版。

◆ 浓度：该选项类似于图层的【不透明度】，用来控制蒙版的不透明度，也就是蒙版遮盖图像的不透明度。

◆ 羽化：用来控制蒙版边缘的柔化程度。数值越大，蒙版边缘越柔和；数值越小，蒙版边缘越生硬。

◆ 蒙版边缘 █蒙版边缘...█：单击该按钮，可以打开【调整蒙版】对话框，如图9-2所示。在该对话框中，可以修改蒙版边缘，也可以使用不同的背景来查看蒙版。

◆ 颜色范围 █颜色范围...█：单击该按钮，可以打开【色彩范围】对话框，如图9-3所示。在该对话框中可以通过修改【颜色容差】来修改蒙版的边缘范围。

图9-2　　　　　　　　　　　　　　　　　　图9-3

◆ **反相** 反相 ：单击该按钮，可以反转蒙版的遮盖区域，即蒙版中黑色部分变成白色，而白色部分变成黑色，未遮盖的图像将被调整为负片。

◆ **从蒙版中载入选区** ：单击该按钮，可以从蒙版中生成选区。另外按住Ctrl键单击蒙版的缩略图，也可以载入蒙版的选区。

◆ **应用蒙版** ：单击该按钮，可以将蒙版应用到图像中，同时删除被蒙版遮盖的区域。

◆ **停用/启用蒙版** ：单击该按钮，可以停用或重新启用蒙版。停用蒙版后，在【属性】面版的缩略图和【图层】面版中的蒙版缩略图中都会出现一个红色的交叉线【×】。

◆ **删除蒙版** ：单击该按钮，可以删除当前选择的蒙版。

【操作步骤】

01 打开"下载资源"中的"素材文件>CH09>素材01.jpg"文件，如图9-4所示。

图9-4

02 打开"下载资源"中的"素材文件>CH09>素材02.jpg"文件，然后将其拖曳到"素材01.jpg"文档中得到【图层1】，并选中【图层1】，如图9-5所示；接着单击【图层】面版下面的【添加图层蒙版】按钮 ，给【图层1】添加一个蒙版，如图9-6所示。

图9-5　　　　　　　　　　　　　　　　　　图9-6

03 选中【图层1】的蒙版，如图9-7所示；然后使用黑色的柔边【画笔工具】 ✏️涂抹【图层1】的白色背景，效果如图9-8所示。

图9-7   图9-8

04 双击【图层1】蒙版的缩略图打开【属性】面版，如图9-9所示；然后在打开的面版中设置【羽化】为10像素，效果如图9-10所示。

图9-9

图9-10

05 单击【属性】面版下方的【停用/启用蒙版】按钮 👁️，可以停用蒙版，如图9-11所示；单击【属性】面版下方的【删除蒙版】按钮 🗑️，可以删除添加的蒙版，最终效果如图9-12所示。

图9-11

图9-12

　　单击【属性】面版下方的【应用蒙版】按钮 ⊘ ，可以将蒙版应用到图像中，同时删除被蒙版遮盖的区域，如图9-13所示。

图9-13

【案例总结】

　　本例主要是讲解蒙版的【属性】面版，认识面版中各个按钮的用途，然后使用这些按钮创建蒙版，并在完成后将蒙版应用到图像中，蒙版的面版与蒙版的使用息息相关，所以掌握蒙版的面版的使用方法是极其重要的。

案例79
快速蒙版：为婚纱更换颜色

素材位置	素材文件 >CH09>03.jpg
实例位置	实例文件 >CH09> 为婚纱更换颜色 .psd
视频名称	为婚纱更换颜色 .mp4
技术掌握	掌握快速蒙版的使用方法

（扫码观看视频）

最终效果图

【操作分析】

在【快速蒙版】模式下，可以将任何选区作为蒙版进行编辑，可以使用Photoshop中的绘画工具或滤镜对蒙版进行编辑。当在快速蒙版模式中工作时，【通道】面版中会出现一个临时的快速蒙版通道。但是，所有的蒙版编辑都是在图像窗口中完成的。为婚纱更换颜色，首先按Q键进入快速蒙版编辑状态，然后使用黑色柔边圆【画笔工具】 ✍ 涂抹图像中人物的婚纱，接着退出快速蒙版编辑状态，被涂抹区域会自动加载为选区，最后再为选区填充颜色。

【重点工具】

打开一张图像，然后在【工具箱】中单击【以快速蒙版模式编辑】按钮 ▣ 或按Q键，可以进入快速蒙版编辑模式，此时，在【通道】面版中可以观察到一个快速蒙版通道，完成编辑后再单击【以标准模式编辑】按钮 ▣ 或按Q键，退出快速蒙版编辑模式。

【操作步骤】

01 打开"下载资源"中的"素材文件>CH09>素材03.jpg"文件，如图9-14所示。

02 按Q键进入快速蒙版编辑模式，然后使用黑色柔边圆【画笔工具】 ✍ 涂抹图像中人物的裙子和发饰，如图9-15所示；涂抹完成后再按Q键退出快速蒙版编辑模式，选区效果如图9-16所示。

图9-14   图9-15   图9-16

03 按组合键Shift+ Ctrl+I将选区反向，如图9-17所示；然后选择【渐变工具】 ▣ ，并在其选项栏选择渐变方式为【线性渐变】 ▣ ，接着打开【渐变编辑器】对话框，设置位置为0%的渐变颜色为（C: 75, M: 62, Y: 100, K: 37），设置位置为100%的渐变颜色为（C: 32, M: 21, Y: 84, K: 0），如图9-18所示。

图9-17   图9-18

04 新建一个图层，然后在图像中从下至上拖动鼠标填充渐变色，如图9-19所示，效果如图9-20所示。

05 按组合键Ctrl+D取消选区，然后设置图层【混合模式】为【柔光】，最终效果如图9-21所示。

图9-19

图9-20

图9-21

【案例总结】

　　快速蒙版是一种临时蒙版，主要用来创建选区，当退出快速蒙版时，透明部分就转换为选区。本例主要是使用快速蒙版将人物服装加载为选区，然后使用【渐变工具】 为人物服装填充渐变颜色。

<table>
<tr><td rowspan="3">课后习题：
制作印花</td><td>实例位置</td><td>实例文件 >CH09> 制作印花 .psd</td></tr>
<tr><td>素材位置</td><td>素材文件 >CH09>04.jpg</td></tr>
<tr><td>视频名称</td><td>制作印花 .mp4</td></tr>
</table>

（扫码观看视频）

　　这是一个使用快速蒙版制作印花的练习，制作思路如图9-22和图9-23所示。

　　第1步：打开素材图片，然后按Q键进入快速蒙版编辑模式，接着使用【自定形状工具】 在图像中绘制图形，完成编辑后按Q键退出快速蒙版编辑模式。

　　第2步：按组合键Shift+Ctrl+I反向选择，然后按组合键Ctrl+J复制选区，接着在【背景】图层上新建一个白色的图层。

最终效果图

图9-22

图9-23

9

蒙版

257

案例 80
剪贴蒙版：打造玻璃的朦胧感

素材位置	素材文件 >CH09>05.jpg、06.png
实例位置	实例文件 >CH09> 打造玻璃的朦胧感 .psd
视频名称	打造玻璃的朦胧感 .mp4
技术掌握	掌握剪贴蒙版的使用方法

（扫码观看视频）

【操作分析】

剪贴蒙版技术非常重要，它可以用一个图层中的图像来控制处于它上层的图像的显示范围，并且可以针对多个图像。另外，可以为一个或多个调整图层创建剪贴蒙版，使其只针对一个图层进行调整。

【重要命令】

执行【图层】>【创建剪贴蒙版】菜单命令，可以为图层创建一个剪贴蒙版，组合键为Alt+Crtl+G。或在需要创建剪贴蒙版的图层名称上单击鼠标右键，然后在打开的菜单中选择【创建剪贴蒙版】命令，即可给图层创建剪贴蒙版。

最终效果图

TIPS

剪贴蒙版虽然可以应用到多个图层中，但是这些图层不能是隔开的，必须是相邻的图层。

剪贴蒙版一般应用于文字、形状和图像之间的相互合成。剪贴蒙版是由两个或两个以上的图层所构成的，处于最下面的图层为基底图层，位于其上面的图层统称为内容图层。基底图层只有一个，它决定位于其上面的图像的显示范围，如果对基底图层进行移动、变换等操作，那么上面的图像也会随之受到影响；内容图层可以是一个或多个，对内容图层的操作不会影响基底图层，但是对其进行移动、变换等操作时，其显示范围也会随之而改变。

剪切蒙版作为图层，也具有图层的属性，可以对【不透明度】及【混合模式】进行调整。

创建剪贴蒙版以后，执行【图层】>【释放剪切蒙版】菜单命令，即可释放剪切蒙版，组合键为Alt+Crtl+G。或在图层名称上单击鼠标右键，然后在打开的菜单中选择【释放剪贴蒙版】命令。

【操作步骤】

01 打开"下载资源"中的"素材文件>CH09>素材05.jpg"文件，然后将【背景】图层复制一份，如图9-24所示，图层如图9-25所示。

02 打开"下载资源"中的"素材文件>CH09>素材06.png"文件，然后将其拖曳到当前操作界面中的合适位置处，并置于【背景】图层上面，如图9-26所示，图层如图9-27所示。

图9-24

图9-25

图9-26

图9-27

03 选择复制的【背景】图层，然后按组合键Alt+Crtl+G设置复制的【背景】图层为【图层1】的剪贴蒙版，如图9-28所示，图层如图9-29所示。

04 新建一个图层，然后设置渐变颜色，接着在图像中从下至上拖动鼠标填充渐变色，最终效果如图9-30所示。

图9-28

图9-29

图9-30

【案例总结】

本例主要是针对剪贴蒙版的使用方法进行练习，案例中通过为目标图像创建剪贴蒙版显示出图像主体，隐藏不需要的部分，然后填充渐变色，打造出雨天透过起雾玻璃观赏窗外美景的趣味照片。

课后习题：
制作风景芭蕾女孩剪影

实例位置	实例文件 >CH09> 制作风景芭蕾女孩剪影 .psd
素材位置	素材文件 >CH09>07.jpg、08.png
视频名称	制作风景芭蕾女孩剪影 .mp4

（扫码观看视频）

这是一个制作剪贴蒙版的练习，制作思路如图9-31所示。

第1步：打开素材图片，然后将人物图片移动到另一张素材图片的操作界面中，得到【图层1】，接着调整【图层1】的大小和位置，最后复制【背景】图层，并将其拖曳到图层顶层。

第2步：按组合键键Alt+Crtl+G设置复制的图层为【图层1】的剪贴蒙版，然后在【背景】图层上面新建一个渐变图层。

最终效果图

图9-31

案例 81
矢量蒙版：Baby个性照

素材位置	素材文件 >CH09>09.jpg、10.jpg
实例位置	实例文件 >CH09>Baby 个性照 .psd
视频名称	Baby 个性照 .mp4
技术掌握	掌握矢量蒙版的使用方法

（扫码观看视频）

【操作分析】

　　矢量蒙版是通过钢笔或形状工具创建出来的蒙版。与图层蒙版相同，矢量蒙版也是非破坏性的，也就是说在添加完矢量蒙版之后还可以返回并重新编辑蒙版，并且不会丢失蒙版隐藏的像素。

【重要命令】

　　执行【图层】>【矢量蒙版】>【显示全部】菜单命令，可以为图层添加矢量蒙版，并且添加了矢量蒙版的图层图像为全部显示状态，添加的蒙版呈白色状态。如果当前文档有路径，执行【图层】>【矢量蒙版】>【当前路径】菜单命令，可以基于当前路径为图层创建一个矢量蒙版。

最终效果图

　　执行【图层】>【栅格化】>【矢量蒙版】菜单命令，或者在矢量蒙版缩略图上单击鼠标右键，然后在打开的菜单中选择【栅格化矢量蒙版】命令，可以将矢量蒙版转换为图层蒙版。

⊜ TIPS

　　绘制出路径以后，按住Ctrl键单击【图层】面版下方的【添加图层蒙版】按钮 ▣ ，也可以为图层添加矢量蒙版。创建矢量蒙版以后，我们可以继续使用钢笔、形状工具在矢量蒙版中绘制形状，也可以像编辑路径一样在矢量蒙版上添加锚点，然后对锚点进行调整，还可以像变换图像一样对矢量蒙版进行编辑，以调整蒙版的形状。

【操作步骤】

01 打开"下载资源"中的"素材文件>CH09>素材09.jpg"文件，如图9-32所示。

02 打开"下载资源"中的"素材文件>CH09>素材10.jpg"文件，然后调整到画布大小，如图9-33所示。

图9-32

图9-33

03 选择【自定形状工具】 ⬛ ，然后在选项栏设置绘图模式为【路径】、形状为【花1】，接着在图像上绘制路径，设置如图9-34所示，效果如图9-35所示。

04 执行【图层】>【矢量蒙版】>【当前路径】菜单命令，为当前路径创建一个矢量蒙版，然后移动头像到图像中合适位置，如图9-36所示。

图9-34

图9-35　　　　　　　　　　　　　　　　　　　　图9-36

05 选中矢量蒙版，然后使用【自定形状工具】在画布中绘制一些装饰图形，效果如图9-37所示。

06 双击【图层1】的缩略图，然后在打开的【图层样式】对话框中选中【投影】样式，接着设置【不透明度】为12%、【角度】为120度、【距离】为10像素、【扩展】为8%、【大小】为15像素，设置如图9-38所示。

图9-37　　　　　　　　　　　　　　　　　　　　图9-38

07 在【图层样式】对话框中选中【内阴影】样式，然后设置【不透明度】为12%、【角度】为120度、【距离】为4像素、【大小】为4像素，设置如图9-39所示；接着选择【外发光】样式，再设置【大小】为60像素，设置如图9-40所示。

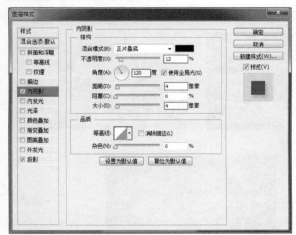

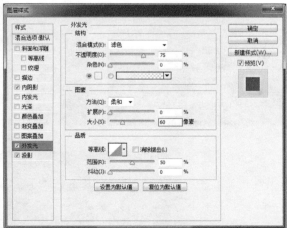

图9-39　　　　　　　　　　　　　　　　　　　　图9-40

08 在【图层样式】对话框中选中【描边】样式，然后设置【颜色】为白色、【大小】为4像素、【不透明度】为80%，设置如图9-41所示，最终效果如图9-42所示。

图9-41　　　　　　　　　　　　　　　　　　图9-42

【案例总结】

矢量蒙版顾名思义是需要矢量图来进行操作的蒙版，所以案例中使用【自定形状工具】 绘制出形状，本例主要针对如何创建矢量蒙版以及创建以后如何添加图层样式进行练习。

课后习题：小女孩和书

实例位置	实例文件 >CH09> 小女孩和书 .psd
素材位置	素材文件 >CH09>11.jpg、12.jpg
视频名称	小女孩和书 .mp4

（扫码观看视频）

这是一个为图片添加矢量蒙版的练习，制作思路如图9-43和图9-44所示。

第1步：打开素材图片，然后将人物图片移动到另外一张素材图片操作界面中，接着使用【椭圆工具】 在人物图像上绘制一个椭圆路径。

第2步：执行【图层】>【矢量蒙版】>【当前路径】菜单命令，为当前路径创建一个矢量蒙版，然后调整图层大小并降低图层的【不透明度】。

最终效果图

图9-43

图9-44

案例 82
图层蒙版：树叶头像

素材位置	素材文件 >CH09>13.jpg、14.png
实例位置	实例文件 >CH09> 树叶头像 .psd
视频名称	树叶头像 .mp4
技术掌握	掌握图层蒙版的使用方法

（扫码观看视频）

最终效果图

【 操作分析 】

　　图层蒙版是所有蒙版中最为重要的一种，也是实际工作中使用频率最高的工具之一，它可以用来隐藏、合成图像等。另外，在创建调整图层、填充图层以及为智能对象添加智能滤镜时，Photoshop会自动为图层添加一个图层蒙版，我们可以在图层蒙版中对调色范围、填充范围及滤镜应用区域进行调整。

　　图层蒙版可以理解为在当前图层上面覆盖了一层玻璃，这种玻璃片有透明和不透明两种，前者显示全部图像，后者隐藏部分图像。在Photoshop中，图层蒙版遵循"黑透、白不透"的工作原理，即蒙版中的黑色为图像中显示的区域，白色为图像中隐藏的区域。

【 重要命令 】

　　选择要添加图层蒙版的图层，然后单击【图层】面版下方的【添加图层蒙版】按钮 ▣ ，即可为图层添加一个白色图层蒙版，如果按住Alt键单击【添加图层蒙版】按钮 ▣ ，则创建后的图层蒙版中填充色为黑色；如果当前图像存在选区，单击【图层】面版下方的【添加图层蒙版】按钮 ▣ ，可以基于当前选区为图层添加图层蒙版，选区以外的图像将被蒙版隐藏；创建选区蒙版以后，可以在【属性】面版中调整【羽化】数值，以模糊蒙版，制作出朦胧的效果；我们还可以将一个图像创建为某个图层的图层蒙版，只需要将图像复制粘贴到图层的图层蒙版中即可。

9
蒙版

01 打开"下载资源"中的"素
材文件>CH09>素材13.jpg"文
件，如图9-45所示；然后按组合
键Ctrl+J将【背景】图层复制一
层，接着按组合键Shift+Ctrl+U将
复制图层去色，使其成为灰色图
像，如图9-46所示。

图9-45　　　　　　　　　　　图9-46

02 打开"下载资源"中的"素
材文件>CH09>素材14.png"文
件，如图9-47所示；然后拖曳到
当前文档的操作界面中，效果如
图9-48所示。

图9-47　　　　　　　　　　　图9-48

03 按住Ctrl键单击树枝剪影缩略图，将树枝剪影载入选区，如图9-49所示。

04 保持选区选中人物图层，然后在【图层】面版下方单击【添加图层蒙版】按钮 ，效果如图9-50
所示。

图9-49　　　　　　　　　　　　　　　　图9-50

05 在人物图层的下方新建一个图层，然后填充白色，如图9-51所示。

06 选中人物图层的蒙版，然后将前景色设置为黑色，接着使用低流量的柔边圆【画笔工具】☑修饰图像边缘，使其产生模糊效果，如图9-52所示。

图9-51   图9-52

07 执行【图层】>【新建调整图层】>【照片滤镜】菜单命令，然后在【属性】面版中设置【颜色】为（C：40，M：49，Y：0，K：0），如图9-53所示，最终效果如图9-54所示。

图9-53   图9-54

【案例总结】

    图层蒙版是一种特殊的蒙版，图层蒙版附加在目标图层上，用于控制图层中的区域是进行隐藏还是显示。它在Photoshop中使用率很高，本案例主要运用蒙版为图像添加纹理，然后制作双重曝光的树叶头像。

课后习题：
空中岛屿

实例位置	实例文件 >CH09> 空中岛屿 .psd
素材位置	素材文件 >CH09>15.jpg、16.jpg
视频名称	空中岛屿 .mp4

（扫码观看视频）

最终效果图

这是一个为图层添加图层蒙版的练习，制作思路如图9-55所示。

第1步：打开素材图片，然后将草地图片拖曳到大海图片的操作界面中，得到【图层1】，然后单击【图层】面版下方的【添加图层蒙版】按钮 ▣，为【图层1】添加图层蒙版。

第2步：选中【图层1】的蒙版，然后设置【前景色】为黑色、【背景色】为白色或直接按D键，接着使用【渐变工具】 ▣ 在图像中由下至上拖曳渐变，最后使用低流量的柔边圆【画笔工具】 ✐ 在图像中进行细节修改。

 →  →

图9-55

通道

在Photoshop中，通道是一种颜色的不同亮度，是一种混度图像。在某种意义上来说，通道就是选区，也可以说通道就是存储不同类型信息的灰度图像。一个通道层同一个图像层之间最根本的区别在于：图像的各个像素点属性是以红、绿、蓝三原色的数据来表示的；而通道层中的像素颜色是由一组原色的亮度值组成的。同时，通道作为图像的组成部分，是和图像的格式密不可分的，图像色彩、格式的不同决定了通道的数量和模式。同时利用通道还可以将勾画的不规则选区存储为一个独立的通道图层，需要选区时，就可以从通道中将其调出。

本章学习要点

- 通道的类型和面板
- 用通道调色
- 通道的基本操作
- 用通道抠图

案例 83
通道类型和面板：制作迷幻海报

素材位置	素材文件 >CH10>01.jpg~03.jpg
实例位置	实例文件 >CH10> 制作迷幻海报 .psd
视频名称	制作迷幻海报 .mp4
技术掌握	了解通道类型和掌握【通道】面板的使用方法

（扫码观看视频）

最终效果图

【操作分析】

 Photoshop中的通道是用于存储图案颜色信息和选区信息等不同类型信息的灰度图像。一个图像最多可以拥有56个通道，所有的新通道都具有与原始图像相同的尺寸和像素数目，在Photoshop中有3种不同的通道，分别是颜色通道、Alpha通道和专色通道，它们的功能各有不同。而对通道进行操作，就必须使用【通道】面板。

【重点工具】

 （1）颜色通道

 颜色通道是将构成整体图像的颜色信息整理并表现为单色图像的工具。根据图像颜色模式的不同，颜色通道的数量也不同。常用的两种颜色模式：一种是RGB颜色模式，相对应的通道名称为红、绿和蓝，如图10-1所示；另一种是CMYK颜色模式，相对应的通道名称为青色、洋红、黄色和黑色，如图10-2所示。此外，Lab颜色模式的通道则是Lab、明度、a和b四个，而位图和索引颜色模式的图像只有一个位图通道和一个索引通道。

 （2）Alpha通道

 功能1：存储选区。在【通道】面板下单击【将选区存储为通道】按钮 ▣ ，可以创建一个Alpha通道，同时选区会存储到通道中。

图10-1

图10-2

 功能2：存储黑白图像。单击Alpha通道，将其单独选择，此时文档窗口中将显示为黑白图像。

 功能3：从Alpha通道中载入选区。在【通道】面板下单击【将通道作为选区载入】按钮 ◌ 或按住Ctrl键单击Alpha通道的缩略图，可以载入Alpha通道的选区。

 （3）专色通道

 专色通道主要用来指定用于专色油墨印刷的附加印版。它可以保存专色信息，同时也具有Alpha通道的特点。每个专色通道只能存储一种专色信息，而且是以灰度形式来存储的。专色通道的名称通常是所使用的油墨颜色的名称。

> ⏺ TIPS
>
> 除了位图模式外，其余所有的色彩模式图像都可以建立专色通道。

 （4）【通道】面板

 执行【窗口】>【通道】菜单命令，即可打开【通道】面板。【通道】面板会根据图像文件颜色模式显示通道数量，图10-3所示为RGB颜色模式下的【通道】面板，【通道】面板菜单如图10-4所示。

Photoshop CS6 完全自学案例教程（微课版）

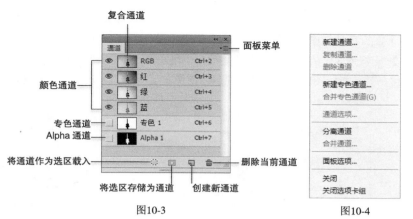

图10-3

图10-4

【通道】面板选项介绍

◆ **颜色通道**：这4个通道都用来记录图像颜色信息。

◆ **复合通道**：该通道用来记录图像的所有颜色信息。

◆ **将通道作为选区载入** ⊡ ：单击该按钮，可以将通道中的图像载入选区，按住Ctrl键单击通道缩略图也可以将通道中的图像载入选区。

◆ **将选区存储为通道** ⊡ ：如果图像中有选区，单击该按钮，可以将选区中的内容存储到自动创建的Alpha通道中。

◆ **创建新通道** ⊡ ：单击该按钮，可以新建一个Alpha通道。

◆ **删除当前通道** 🗑 ：将通道拖曳到该按钮上，可以删除选择的通道。

【操作步骤】

01 打开"下载资源"中的"素材文件>CH10>素材01.jpg"文件，如图10-5所示。

02 按组合键Ctrl+J将【背景】图层复制一层，并将图层命名为【人像】，然后隐藏【背景】图层，接着使用【魔棒工具】🔍选择图像背景区域，再按Delete键删除背景区域，最后按组合键Ctrl+D取消选择，效果如图10-6所示。

图10-5

图10-6

03 按组合键Ctrl+J复制【人像】得到【人像副本】图层，并隐藏该副本图层，然后选中【人像】图层，再切换到【通道】面板单独选中【红】通道，接着按组合键Ctrl+A全选通道图像，如图10-7所示；最后使用【移动工具】 ┣⊕ 将选区中的图像向左上方移动一小段距离，效果如图10-8所示。

04 单击RGB通道，显示彩色图像，此时可以观察到图像右下侧出现了蓝色边缘，效果如图10-9所示。

图10-7 图10-8 图10-9

05 单独选中【绿】通道，然后按组合键Ctrl+A全选通道图像，接着使用【移动工具】 ┣⊕ 将选区中的图像向左上方移动一小段距离，如图10-10所示，效果如图10-11所示。

图10-10 图10-11

06 单独选中【蓝】通道，然后按组合键Ctrl+A全选通道图像，接着使用【移动工具】 ┣⊕ 将选区中的图像向左上方移动一小段距离，如图10-12所示，效果如图10-13所示。

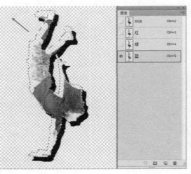 

图10-12 图10-13

07 打开"下载资源"中的"素材文件>CH10>素材02.jpg"文件，然后将其拖曳到当前的操作界面中，并放在【背景】图层上面，接着同时选中【人像】和【人像副本】图层，再按组合键Ctrl+G为其新建一个组，图层如图10-14所示，效果如图10-15所示。

08 显示【人像副本】图层，然后为其添加一个图层蒙版，并用黑色填充蒙版，接着使用白色【画笔工具】 ☑ 在蒙版中涂抹，将人像头部显示出来，如图10-16所示。

09 暂时隐藏【图层1】，然后按组合键Ctrl+Shift+Alt+E将可见图层盖印到一个【模糊】图层中，并将其放在【人像】图层的下一层，最后显示出【图层1】，图层如图10-17所示。

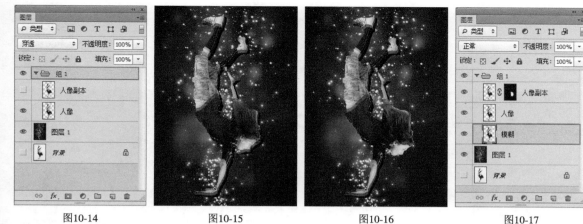

图10-14　　　　　　　图10-15　　　　　　　　　图10-16　　　　　　　　　图10-17

10 执行【滤镜】>【模糊】>【动态模糊】菜单命令，然后在打开的【动感模糊】对话框中设置【角度】为40度、【距离】为280像素，如图10-18所示，效果如图10-19所示。

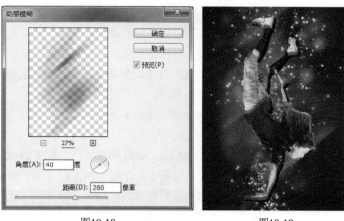

图10-18　　　　　　　　　　　图10-19

● TIPS

【滤镜】的具体使用方法详见本书第11章滤镜。

11 打开"下载资源"中的"素材文件>CH10>素材03.jpg"文件，然后将其拖曳到之前的文档中，并放在图层最上面，接着设置其【混合模式】为【滤色】，最终效果如图10-20所示。

【案例总结】

　　RGB颜色模式下的通道有红绿蓝三种颜色，本案例通过将这三种颜色通道进行不同程度和位置的移动，制作出迷幻海报的效果。

图10-20

10

通道

（扫码观看视频）

实例位置	实例文件 >CH10> 用通道还原图像 .psd
素材位置	素材文件 >CH10>04.jpg
视频名称	用通道还原图像 .mp4

课后习题：
用通道还原图像

最终效果图

这是一个利用通道还原图像的练习，制作思路如图10-21~图10-23所示。

第1步：打开素材图片，然后切换到【通道】面板，并按住Ctrl键单击【红】通道缩略图加载其选区，接着回到【图层】面板新建一个【红】图层，再填充红色，最后隐藏该图层。

第2步：切换到【通道】面板，然后按住Ctrl键单击【绿】通道缩略图加载其选区，再回到【图层】面板新建一个【绿】图层，接着填充绿色并隐藏该图层。

第3步：切换到【通道】面板，然后按住Ctrl键单击【蓝】通道缩略图加载其选区，再回到【图层】面板新建一个【蓝】图层，接着填充蓝色。

第4步：在【背景】图层上面新建一个【黑】图层，然后填充黑色，接着隐藏【背景】图层并显示【红】和【蓝】图层，最后设置【红】、【绿】、【蓝】三个图层的图层【混合模式】为【滤色】。

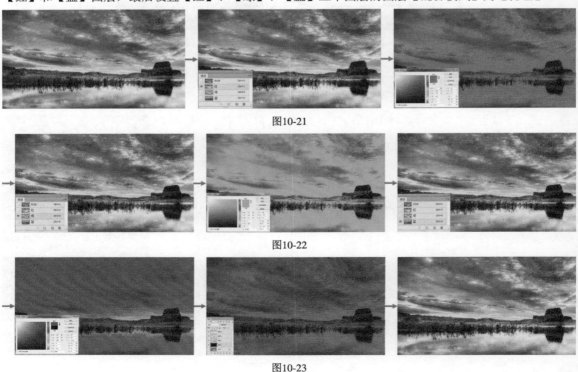

图10-21

图10-22

图10-23

案例 84
通道的基本操作：打造沙滩唯美照

素材位置	素材文件 >CH10>05.jpg、06.jpg
实例位置	实例文件 >CH10> 打造沙滩唯美照 .psd
视频名称	打造沙滩唯美照 .mp4
技术掌握	掌握通道的基本操作方法

（扫码观看视频）

最终效果图

【操作分析】

在【通道】面板中，我们可以选择某个通道进行单独操作，可以隐藏/显示、删除、复制、合并已有的通道，或对其位置进行调换等操作。

【重点工具】

（1）新建Alpha/专色通道

在Photoshop默认状态下是没有Alpha通道和专色通道的，要得到这两个通道，需要手动操作。如果要新建Alpha通道，可以在【通道】面板下面单击【创建新通道】按钮 ⬜️，如图10-24和图10-25所示。如果要新建专色通道，可以在【通道】面板的菜单中选择【新建专色通道】命令，如图10-26和图10-27所示。

（2）快速选择通道

在【通道】面板中的每个通道后面有对应的Ctrl+数字，如图10-28所示。【红】通道后面有组合键Ctrl+3，这就表示按组合键Ctrl+3可以单独选择【红】通道，同样的道理，按组合键Ctrl+4可以单独选择【绿】通道，按组合键Ctrl+5可以单独选择【蓝】通道。

图10-24

图10-25

图10-26

图10-27

图10-28

（3）合并通道

可以将多个灰度图像合并为一个图像的通道。要合并的图像必须具备以下3个特点。

第1点：图像必须为灰度模式，并且已被拼合。

第2点：具有相同的像素尺寸。

第3点：处于打开状态。

> **TIPS**
> 已打开的灰度图像的数量决定了合并通道时可用的颜色模式。比如，4张图像可以合并为RGB图像或CMYK图像。

（4）分离通道

打开一张RGB颜色模式的图像，在【通道】面板的菜单中选择【分离通道】命令，如图10-29所示；可以将红、绿、蓝3个通道单独分离成3张灰度图像（分离成3个文档，并关闭彩色图像），同时每个图像的灰度都与之前的通道灰度相同，如图10-30~图10-32所示。

图10-29　　　　　　　　　　　　　　　　　　图10-30

图10-31　　　　　　　　　　　　　　　　　　图10-32

 TIPS

注意，通道的显示/隐藏、排列、重命名、复制和删除的操作方法与图层的操作方法一样。但是，复合通道不能被单独隐藏，默认的颜色通道的顺序和名称也是不能进行调整和更改的。

【操作步骤】

01 打开"下载资源"中的"素材文件>CH10>素材05.jpg"文件，如图10-33所示。

02 打开"下载资源"中的"素材文件>CH10>素材06.jpg"文件，如图10-34所示；然后切换到【通道】面板，再单独选择【蓝】通道，接着按组合键Ctrl+A全选通道中的图像；最后按组合键Ctrl+C复制图像，如图10-35所示。

图10-33　　　　　　　　　　图10-34　　　　　　　　　　图10-35

03 切换到人像文档窗口，然后按组合键Ctrl+V将复制的图像粘贴到当前文档，此时Photoshop会自动生成一个新的【图层1】，效果如图10-36所示。

04 设置【图层1】的【混合模式】为【叠加】、【不透明度】为90%，最终效果如图10-37所示。

图10-36　　　　　　　　　　图10-37

Photoshop CS6 完全自学案例教程（微课版）

274

【案例总结】

　　本例主要是针对如何复制通道图像进行的练习，案例中是将通道中某一颜色通道的内容复制到图像中，然后得到一个新的图层，进而改变新图层的【混合模式】来改变图像的颜色。

<table>
<tr><td rowspan="3">课后习题：
奔跑的车</td><td>实例位置</td><td>**实例文件 >CH10> 奔跑的车 .psd**</td></tr>
<tr><td>素材位置</td><td>**素材文件 >CH10>07.jpg**</td></tr>
<tr><td>视频名称</td><td>**奔跑的车 .mp4**</td></tr>
</table>

（扫码观看视频）

　　这是一个制作动感模糊的练习，制作思路如图10-38~图10-40所示。

最终效果图

　　第1步：打开素材图片，然后选中车身，接着执行【选择】>【存储选择区】菜单命令，并在打开的对话框中设置【名称】为【汽车】，再切换到【通道】面板中。

　　第2步：选择【渐变工具】 ，然后在其选项栏设置【渐变颜色】为【黑,白渐变】、【渐变方式】为【线性渐变】，并由车尾向车头近距离轻轻拖曳填充渐变，接着单击【通道】面板下面的【将通道作为选区载入】按钮 ，载入填充渐变后的选区再回到【图层】面板，最后按组合键Shift+Ctrl+I反向后执行【选择】>【平滑】菜单命令和【选择】>【羽化】菜单命令。

　　第3步：执行【滤镜】>【模糊】>【动感模糊】菜单命令，然后在打开的对话框中设置【角度】和【距离】，接着取消选区并选中车前轮，再执行【滤镜】>【模糊】>【径向模糊】菜单命令，在打开的对话框中设置【数量】、【模糊方法】和【品质】，最后用相同的操作方法模糊车后轮。

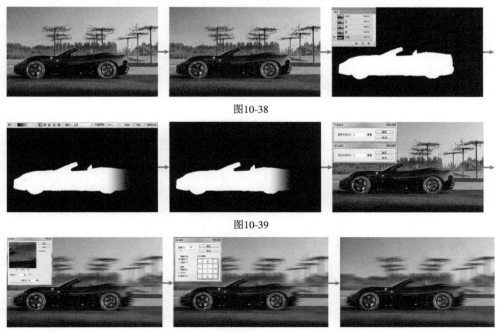

图10-38

图10-39

图10-40

案例 85
用通道调色：打造失真的花园美景

素材位置	素材文件 >CH10>08.jpg
实例位置	实例文件 >CH10> 打造失真的花园美景 .psd
视频名称	打造失真的花园美景 .mp4
技术掌握	掌握用通道调色的方法

（扫码观看视频）

最终效果图

【操作分析】

　　通道调色是一种高级调色技术。我们可以对一张图像的单个通道应用各种调色命令，从而达到调整图像中某种色调的目的。

【重点工具】

　　下面用【曲线】调整图层来介绍如何用通道进行调色。单独选择【红】通道，按组合键Ctrl+M打开【曲线】对话框，将曲线向上调节，可以增加图像中的红色数量；将曲线向下调节，则可以减少图像中的红色数量。单独选择【绿】通道，按组合键Ctrl+M打开【曲线】对话框，将曲线向上调节，可以增加图像中的绿色数量；将曲线向下调节，则可以减少图像中的绿色数量。单独选择【蓝】通道，按组合键Ctrl+M打开【曲线】对话框，将曲线向上调节，可以增加图像中的蓝色数量；将曲线向下调节，则可以减少图像中的蓝色数量。

【操作步骤】

01 打开"下载资源"中的"素材文件>CH10>素材08.jpg"文件，然后执行【图像】>【模式】>【Lab颜色】菜单命令，如图10-41所示。

02 在【通道】面板中选择a通道，然后按组合键Ctrl+A全选通道图像，接着按组合键Ctrl+C复制通道图像，如图10-42所示。

图10-41　　　　　　　　　　　　图10-42

03 选择b通道，然后按组合键Ctrl+V将复制的通道图像粘贴到b通道中，如图10-43所示；最后显示出Lab复合通道，效果如图10-44所示。

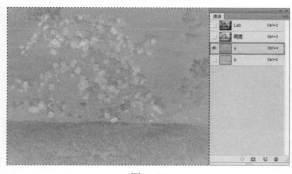

图10-43　　　　　　　　　　　　　　　　　　　　图10-44

04 执行【图像】>【调整】>【替换颜色】菜单命令，然后吸取光线较暗的树叶上的颜色，接着在【替换颜色】对话框中设置【色相】为−75、【饱和度】为−13，设置如图10-45所示，效果如图10-46所示。

05 再次执行【图像】>【调整】>【替换颜色】菜单命令，然后吸取光线较亮的树叶上的颜色，接着在【替换颜色】对话框中设置【明度】为45，设置如图10-47所示，最终效果如图10-48所示。

图10-45　　　　　　　图10-46　　　　　　　图10-47　　　　　　　图10-48

【案例总结】

　　本例通过调整图像模式，在a、b通道中进行简单的复制粘贴进行调色，然后使用【替换颜色】命令来打造唯美图片。

课后习题：打造暖色调图片	实例位置	实例文件 >CH10> 打造暖色调图片 .psd
	素材位置	素材文件 >CH10>09.jpg
	视频名称	打造暖色调图片 .mp4

（扫码观看视频）

最终效果图

10

通道

这是一个制作暖色调图片的练习，制作思路如图10-49所示。

第1步：打开素材图片，然后新建一个【曲线】调整图层，并在其对话框中设置相应的参数。

第2步：切换到【通道】面板，可以观察到【蓝】通道光线比较暗，因此选中此通道新建一个【色彩平衡】调整图层，然后设置相应的参数。

图10-49

案例 86
用通道抠图：打造欧式建筑个人婚纱照

素材位置	素材文件 >CH10>10.jpg、11.jpg
实例位置	实例文件 >CH10> 打造欧式建筑个人婚纱照 (1)、(2).psd
视频名称	打造欧式建筑个人婚纱照 .mp4
技术掌握	掌握通道抠图的方法

（扫码观看视频）

【操作分析】

使用通道抠取图像是一种非常主流的抠图方法，常用于抠取毛发、云朵、烟雾以及透明的婚纱等。

【重点工具】

通道抠图主要是利用图像的色相差别或明度差别来创建选区，在操作过程中可以多次重复使用【亮度/对比度】、【曲线】、【色阶】等调整命令，以及画笔、加深、减淡等工具对通道进行调整，以得到最精确的选区。

【操作步骤】

01 打开"下载资源"中的"素材文件>CH10>素材10.jpg"文件，如图10-50所示。

02 按组合键Ctrl+J复制【背景】图层得到【图层1】，然后按组合键Ctrl+M打开【曲线】对话框，接着将曲线调节成图10-51所示的形状，效果如图10-52所示。

最终效果图

03 切换到【通道】面板，选择一个黑白对比最强烈的颜色通道，然后将通道复制一份，这里选择【蓝】通道，如图10-53所示。

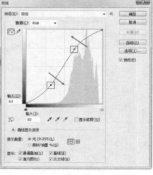

图10-50　　　　　图10-51　　　　　图10-52　　　　　图10-53

04 按组合键Ctrl+L打开【色阶】对话框，然后设置【输入色阶】为（0，0.49，255），如图10-54所示，效果如图10-55所示。

05 使用黑色【画笔工具】🖊️将人物全部涂抹成黑色，然后使用【魔棒工具】🪄选中人物，如图10-56所示；接着单击复合通道并回到【图层】面板，如图10-57所示。

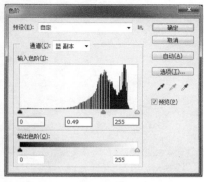
图10-54

图10-55

图10-56

图10-57

06 组合键Ctrl+J将选区内的图像复制到一个新的图层中，然后隐藏其他图层，效果如图10-58所示。

07 打开"下载资源"中的"素材文件>CH10>素材11.jpg"文件，然后将之前复制的人物图像拖曳到当前文档的右下角，并调整至合适大小，最终效果如图10-59所示。

图10-58

图10-59

【案例总结】

    通过通道来抠图是非常实用且常用的，本例主要是针对如何使用通道技术抠取图像进行的练习。案例通过对图像的某个通道进行【曲线】、【色阶】等命令的调整，再使用黑色【画笔工具🖊️】涂抹图像，最后加载图像中的黑色区域，从而得到最精确的选区。

课后习题：抠取人物合成	实例位置	实例文件 >CH10> 抠取人物合成 .psd
	素材位置	素材文件 >CH10>12.jpg、13.jpg
	视频名称	抠取人物合成 .mp4

（扫码观看视频）

这是一个利用通道抠图的练习，制作思路如图10-60和图10-61所示。

第1步：打开素材图片，然后将图片复制一层，接着切换到【通道】面板，可以观察到【蓝】通道的人像和背景对比是最明显的，因此我们将【蓝】通道复制一份。

第2步：打开【色阶】对话框，然后将图片调整到人像变黑，背景变白的效果，然后按组合键Ctrl+I反相，接着用白色【画笔工具】☑️将人像涂白，然后用黑色将背景涂黑。

最终效果图

第3步：按住Ctrl键单击【蓝】通道副本的缩略图，然后回到【图层】面板，给【背景副本】图层添加一个【图层蒙版】，接着给图像添加一个新背景。

图10-60

图10-61

滤镜

Photoshop中的滤镜是一种插件模块,使用滤镜可以改变图像像素的位置和颜色,从而产生各种特殊的图像效果。本章主要介绍滤镜的基本应用知识、应用技巧与各种滤镜的艺术效果。通过本章的学习,我们应该了解滤镜的基础知识及使用知识,熟悉并掌握各种滤镜组的艺术效果,以便能快速、准确地创作出精彩的图像。

本章学习要点

- ➲ 滤镜的使用原则与技巧
- ➲ 滤镜库的用法
- ➲ 智能滤镜的用法
- ➲ 液化滤镜的用法
- ➲ 查找边缘滤镜的用法
- ➲ 动感模糊滤镜的用法
- ➲ 高斯模糊滤镜的用法
- ➲ USM锐化滤镜的用法
- ➲ 马赛克滤镜的用法
- ➲ 添加杂色滤镜的用法

案例 87
滤镜和滤镜库：打造油画效果

素材位置	素材文件 >CH11>01.jpg
实例位置	实例文件 >CH11> 打造油画效果 .psd
视频名称	打造油画效果 .mp4
技术掌握	掌握滤镜库的使用方法

（扫码观看视频）

最终效果图

【操作分析】

　　【滤镜】是Photoshop最重要的功能之一，主要用来制作各种特殊效果。滤镜的功能非常强大，不仅可以调整照片，而且可以创作出绚丽无比的创意图像。另外，滤镜还可以将图像转换为素描、印象派绘画等特殊艺术效果。而【滤镜库】是一个集合了大部分常用滤镜的对话框。在滤镜库中，可以对一张图像应用一个或多个滤镜，或对同一图像多次应用同一个滤镜，另外还可以使用其他滤镜替换原有的滤镜。

【重点工具】

　　Photoshop中的滤镜可以分为特殊滤镜、滤镜组和外挂滤镜，如图11-1所示。从功能上可以将滤镜分为3大类，分别是修改类滤镜、创造类滤镜和复合类滤镜。修改类滤镜主要用于调整图像的外观，比如【画笔描边】滤镜、【扭曲】滤镜、【像素化】滤镜等；创造类滤镜可以脱离原始图像进行操作，比如【云彩】滤镜；复合滤镜与前两种差别较大，它包含自己独立的工具，例如【液化】滤镜、【抽出】滤镜等。

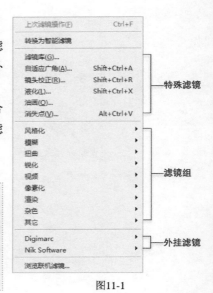

图11-1

⊜ TIPS

　　注意，Adobe公司提供的内置滤镜显示在【滤镜】菜单中，第三方开发商开发的滤镜可以作为增效工具使用，在安装外挂滤镜后，这些增效工具滤镜将出现在【滤镜】菜单的底部。如果想显示【画笔描边】、【素描】、【纹理】和【艺术效果】这几项，需要执行【编辑】>【首选项】>【增效工具】菜单命令，勾选【显示滤镜库的所有组合名称】。

本例介绍的重点工具是【滤镜库】，执行【滤镜】>【滤镜库】菜单命令，可以打开【滤镜库】对话框，如图11-2所示。

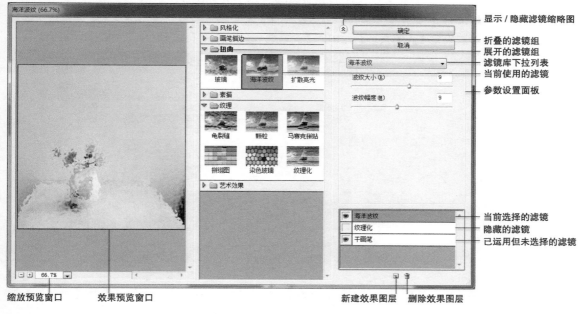

图11-2

【滤镜库】对话框选项介绍

◆ **缩放预览窗口**：单击 ☐ 按钮，可以缩小预览窗口的显示比例；单击 ☐ 按钮，可以放大预览窗口的显示比例。另外，还可以在缩放列表中选择预设的缩放比例。

◆ **效果预览窗口**：用来预览应用滤镜后的效果。

◆ **显示/隐藏滤镜缩略图** ☒：单击该按钮，可以隐藏滤镜缩略图，以增大预览窗口。

◆ **折叠▷/展开▽的滤镜组**：单击▷按钮可以展开滤镜组；单击▽按钮可以折叠滤镜组。

◆ **滤镜库下拉列表**：在该列表中可以选择一个滤镜。这些滤镜是按名称汉语拼音的先后顺序排列的。

◆ **当前使用的滤镜**：处于灰底状态的滤镜表示正在使用的滤镜。

◆ **参数设置面板**：单击滤镜组中的一个滤镜，可以将该滤镜应用于图像，同时在参数设置面板中会显示该滤镜的参数选项。

◆ **当前选择的滤镜**：单击一个效果图层，可以选择该滤镜。

TIPS

注意，选择一个滤镜效果图层以后，使用鼠标左键可以向上或向下调整该图层的位置，如图11-3所示，效果图层的顺序对图像效果有影响。

图11-3

◆ **隐藏的滤镜**：单击效果图层前面的 ☒ 图标，可以隐藏滤镜效果。

◆ **新建图层效果** ☒：单击该按钮，可以新建一个效果图层，在该图层中可以应用一个滤镜。

◆ **删除图层效果** ☒：选择一个效果图层以后，单击该按钮可以将其删除。

TIPS

注意，滤镜库中只包含一部分滤镜，比如【模糊】滤镜组和【锐化】滤镜组就不在滤镜库中。

01 打开"下载资源"中的"素材文件>CH11>素材01.jpg"文件,如图11-4所示。

02 执行【滤镜】>【滤镜库】菜单命令,打开【滤镜库】对话框,然后在【艺术效果】滤镜组下选择【干画笔】滤镜,接着设置【画笔大小】为10、【画笔细节】为10、【纹理】为1,如图11-5所示。

图11-4

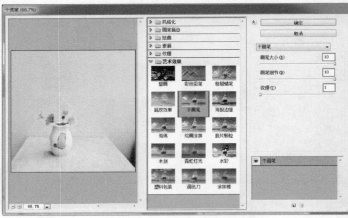

图11-5

03 单击【新建图层效果】按钮 ,新建一个效果图层,然后在【纹理】滤镜组下选择【纹理化】滤镜,接着设置【缩放】为100%、【凸现】为4,如图11-6所示,最终效果如图11-7所示。

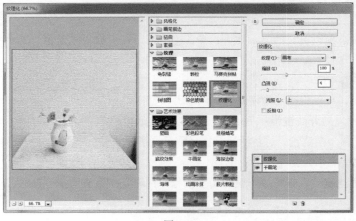

图11-6

图11-7

TIPS

滤镜的使用原则与技巧

在使用滤镜时,掌握了其使用原则和使用技巧,可以大大提高工作效率。下面是滤镜的10点使用原则与使用技巧。

第1点:使用滤镜处理图层中的图像时,该层必须是可见图层。

第2点:如果图像中存在选区,则滤镜效果只应用在选区之内;如果没有选区,则滤镜效果将应用于整个图像。

第3点:滤镜效果以像素为单位进行计算。因此在用相同参数处理不同分辨率的图像时,其他效果不变。

第4点:只有【云彩】滤镜可以应用在没有像素的区域,其他滤镜都必须应用在包含像素的区域(某些外挂滤镜除外)。

第5点:滤镜可以用来处理图层蒙版、快速蒙版和通道。

第6点:在CMYK颜色模式下,某些滤镜不可用;在索引和位图颜色模式下,所有的滤镜都不可用。如果要对CMYK图像、索引图像和位图图像应用滤镜,可以执行【图像】>【模式】>【RGB颜色】菜单命令,将图像模式转换为RGB颜色模式后,再应用滤镜。

第7点：当应用完一个滤镜以后，【滤镜】菜单下的第1行会出现该滤镜的名称。执行该命令或按组合键Ctrl+F，可以按照上一次应用该滤镜的参数配置再次对图像应用该滤镜。另外，按组合键Alt+Ctrl+F可以打开该滤镜的对话框，对滤镜参数进行重新设置。

第8点：滤镜的顺序对滤镜的总体效果有明显的影响。

第9点：在应用滤镜的过程中，如果要终止处理，可以按Esc键。

第10点：在应用滤镜时，通常会弹出该滤镜的对话框或滤镜库，在预览窗口可以预览滤镜的效果，同时可以拖曳图像，以观察其他区域的效果。单击 ⊟ 按钮和 ⊞ 按钮可以缩放图像的显示比例。另外，在图像的某个点上单击，在预览窗口中就会显示出该区域的效果。

【案例总结】

本案例主要是讲解滤镜库的使用方法，及其在滤镜库里怎样添加滤镜、更改滤镜和删除滤镜，案例中针对滤镜库的使用方法通过添加滤镜制作了简单的油画，因为滤镜库包含了大部分滤镜，所以使用起来十分方便。

课后习题：
打造金属质感的马赛克画

实例位置	实例文件 >CH11> 打造金属质感的马赛克画 .psd
素材位置	素材文件 >CH11>02.jpg
视频名称	打造金属质感的马赛克画 .mp4

（扫码观看视频）

最终效果图

这是一个制作金属材质的马赛克画的练习，制作思路如图11-8所示。

打开素材图片，然后打开【滤镜库】，接着在其对话框中依次为图像添加【照亮边缘】、【基底凸显】、【马赛克拼贴】和【胶片颗粒】滤镜。

图11-8

素材位置	素材文件 >CH11>03.jpg
实例位置	实例文件 >CH11> 制作拼缀图 .psd
视频名称	制作拼缀图 .mp4
技术掌握	掌握智能滤镜的使用方法

案例 88
智能滤镜：制作拼缀图

（扫码观看视频）

最终效果图

【操作分析】

　　应用于智能对象的任何滤镜都是智能滤镜，智能滤镜属于【非破坏性滤镜】。由于智能滤镜的参数是可以调整的，因此可以调整智能滤镜的作用范围，可将其进行移除、隐藏等操作。

【重点工具】

　　本例介绍的重点工具是【智能滤镜】，要使用该滤镜，首先需要将普通图层转换为智能对象，然后在【滤镜】菜单下选择一个滤镜命令，接着对智能对象应用智能滤镜。

> 🔵 TIPS
>
> 　　注意，除了【液化】滤镜、【消失点】滤镜、【场景模糊】滤镜、【光圈模糊】滤镜、【倾斜模糊】滤镜和【镜头模糊】滤镜以外，其他滤镜都可以作为智能滤镜应用，当然也包含支持智能滤镜的外挂滤镜。

【操作步骤】

01 打开"下载资源"中的"素材文件>CH11>素材03.jpg"文件，如图11-9所示。

02 在【背景】图层的缩略图上单击鼠标右键，然后在打开的菜单中选择【转换为智能对象】命令，将其转换为智能对象，如图11-10和图11-11所示。

图11-9　　　　　　　　　　　图11-10　　　　　　　　图11-11

03 执行【滤镜】>【滤镜库】菜单命令，打开【滤镜】对话框，然后在【纹理】滤镜组下选择【拼缀图】滤镜，接着设置【方形大小】为10，设置如图11-12所示，效果如图11-13所示。

图11-12 图11-13

04 在【图层】面板中选中智能滤镜的蒙版，如图11-14所示。

> **⊜ TIPS**
>
> 注意，在智能滤镜的蒙版中，可以使用绘画工具对滤镜进行编辑，就像编辑普通图层的蒙版一样。

图11-14

05 使用黑色柔边【画笔工具】✏在人像上涂抹，将该区域的滤镜效果隐藏掉，如图11-15所示，效果如图11-16所示。

06 在【图层】面板中双击滤镜名称右侧的 ≋图标，然后在打开的【混合选项】对话框中设置【模式】为【线性加深】、【不透明度】为12%，设置如图11-17所示，最终效果如图11-18所示。

  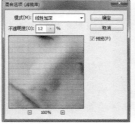 

图11-15　　　　　　图11-16　　　　　　图11-17　　　　　　图11-18

【案例总结】

　　智能滤镜和新建调整图层的功能比较类似，都不是在原有的图层上直接修改。本例主要针对智能滤镜的使用方法制作一幅拼缀图，然后使用智能滤镜的蒙版隐藏人像上的滤镜效果。

课后习题： 制作抽象背景图	实例位置	实例文件 >CH11> 制作抽象背景图 .psd
	素材位置	素材文件 >CH11>04.jpg
	视频名称	制作抽象背景图 .mp4

（扫码观看视频）

11

滤镜

最终效果图

这是一个为智能对象添加滤镜的练习，制作思路如图11-19所示。

打开素材图片，然后将图片转换为智能对象，接着选中图像的背景，再打开【滤镜库】，为图像添加【涂抹棒】和【纹理化】滤镜，最后使用智能滤镜的蒙版隐藏图像中人物部分的滤镜效果。

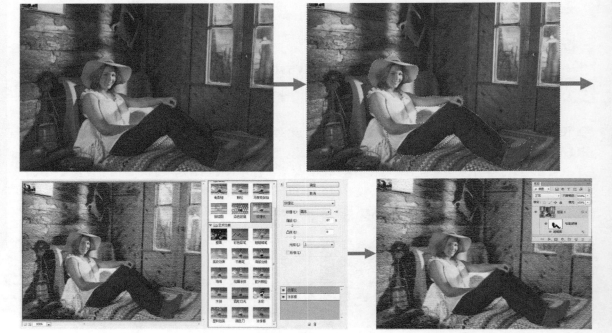

图11-19

案例 89
液化滤镜：打造完美五官和脸型

素材位置	素材文件 >CH11>05.jpg
实例位置	实例文件 >CH11> 打造完美五官和脸型 .psd
视频名称	打造完美五官和脸型 .mp4
技术掌握	掌握液化滤镜的使用方法

（扫码观看视频）

【操作分析】

【液化】滤镜是修饰图像和创建艺术效果的强大工具，其使用方法比较简单，但功能却相当强大，可以创建推、拉、旋转、扭曲、收缩等变形效果，并且可以修改图像的任何区域（【液化】滤镜只能应用于8位/通道或16位/通道的图像）。

最终效果图

【重点工具】

本例介绍的重点工具是【液化滤镜】，执行【滤镜】>【液化】菜单命令或按组合键Shift+Ctrl+X，打开【液化】对话框，如图11-20所示。

向前变形工具
重建工具
顺时针旋转扭曲工具
褶皱工具
膨胀工具
左推工具
冻结蒙版工具
解冻蒙版工具
抓手工具
缩放工具

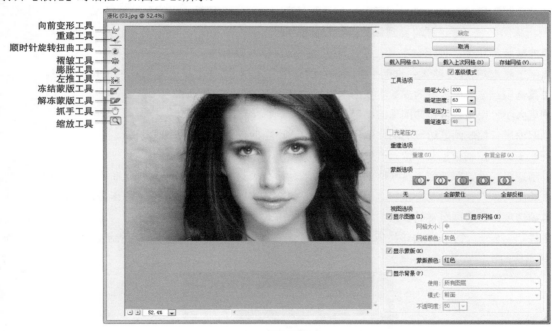

图11-20

🈳 TIPS

由于【液化】滤镜支持硬件加速功能，因此如果没有在首选项中开启【使用图形处理器】选项，Photoshop就会弹出一个【液化】提醒对话框，如图11-21所示，提醒用户是否需要开启【使用该图形处理器】选项，单击【确定】按钮可以继续应用【液化】滤镜。

图11-21

289

【液化】对话框选项介绍

◆ **向前变形工具** ：可以向前推动像素。

◆ **重建工具** ：用于恢复变形的图形。在变形区域单击或拖曳鼠标进行涂抹时，可以使变形区域的图像恢复到原来的效果。

◆ **顺时针旋转扭曲工具** ：拖曳鼠标可以顺时针旋转像素。如果按住Alt键进行操作，则可以逆时针旋转像素。

◆ **褶皱工具** ：可以使像素向画笔中心的区域移动，使图像产生内缩效果。

◆ **膨胀工具** ：可以使像素向画笔区域中心以外的方向移动，使图像产生向外膨胀的效果。

◆ **左推工具** ：当向上拖曳鼠标时，像素会向左移动；当向下拖曳鼠标时，像素会向右移动；按住Alt键向上拖曳鼠标时，像素会向右移动；按住Alt键向下拖曳鼠标时，像素会向左移动。

◆ **冻结蒙版工具** ：如果需要对某个区域进行处理，并且不希望操作影响到其他区域，可以使用该工具绘制出冻结区域（该区域将受到保护而不会发生变形）。

◆ **解冻蒙版工具** ：使用该工具在冻结区域涂抹，可以将其解冻。

◆ **抓手工具** /**缩放工具** ：这两个工具掌握的使用方法与【工具箱】中相对应的工具完全相同。

◆ **工具选项**：该选项组下的参数主要用来设置当前使用工具的各种属性。

　　画笔大小：用来设置扭曲图像的画笔的大小。

　　画笔密度：控制画笔边缘的羽化范围。画笔中心产生的效果最强，边缘处最弱。

　　画笔压力：控制画笔在图像上产生扭曲的速度。

　　画笔速率：设置在使用工具（比如旋转扭曲工具）在预览图像中保持静止时扭曲所应用的速度。

◆ **光笔压力**：当计算机配有压感笔或数位板时，勾选该选项，可以通过压感笔的压力来控制工具。

◆ **重建选项**：该选项组下的参数主要用来设置重建方式。

◆ **重建**　重建(U)　：单击该按钮，可以打开【恢复重建】对话框，如图11-22所示，在该对话框中可以设置重建的比例数量。

图11-22

　　恢复全部　恢复全部(A)　：单击该按钮，可以取消所有的变形效果，包含冻结区域。

　　蒙版选项：如果图像中有选区或蒙版，可以通过该选项组来设置蒙版的保留方式。

　　替换选区 ：显示原始图像中的选区、蒙版或透明度。

　　添加到选区 ：显示原始图像中的蒙版，以便可以使用【冻结蒙版工具】 添加到选区。

　　从选区中减去 ：从当前的冻结区域中减去通道中的像素。

　　与选区交叉 ：只使用当前处于冻结状态的选定像素。

　　反相选区 ：使用选定像素使当前的冻结区域反相。

　　无　无　：单击该按钮，可以使图像全部解冻。

　　全部蒙住　全部蒙住　：单击该按钮，可以使图像全部冻结。

　　全部反相　全部反相　：单击该按钮，可以使冻结区域和解冻区域反相。

◆ **视图选项**：该选项组主要用来显示或隐藏图像、网格和背景。另外，还可以设置网格大小和颜色、蒙版颜色、背景模式和不透明度。

显示图像：控制是否在预览窗口中显示图像。

显示网格：勾选该选项可以在预览窗口中显示网格，通过网格可以更好地查看变形。启用【显示网格】选项以后，下面的【网格大小】选项和【网格颜色】选项才可以使用，这两个选项主要用来设置网格的密度和颜色。

显示蒙版：控制是否显示蒙版。可以在下面的【蒙版颜色】下拉列表中选择蒙版的颜色。

显示背景：如果当前文档中包含多个图层，可以在【使用】下拉列表中选择其他图层作为查看背景；【模式】选项主要用于选择背景的查看方式；【不透明度】选项主要用来设置背景的不透明度。

【操作步骤】

01 打开"下载资源"中的"素材文件>CH11>素材05.jpg"文件，如图11-23所示。

02 执行【滤镜】>【液化】菜单命令，然后在打开的【液化】对话框中选择【向前变形工具】🖐，并设置合适的参数，接着将图像人物脸颊的右侧轮廓由外向内轻推，如图11-24所示。

图11-23 图11-24

03 将图像人物脸颊的左侧轮廓由外向内轻推，如图11-25所示；然后适当调整一下人物下巴，效果如图11-26所示。

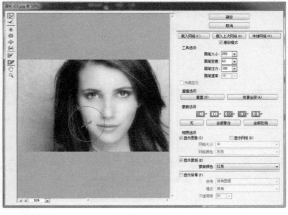

图11-25 图11-26

 TIPS

在调整的过程中，可以按"["键和"]"键来调节画笔的大小。

04 选择【膨胀工具】⬡，然后设置合适参数，接着在两只眼睛上单击鼠标左键，使眼睛变大，如图11-27所示。

05 选择【向前变形工具】🖐，适当调整一下人物嘴角弧度和大小，使人物面带微笑，如图11-28所示。

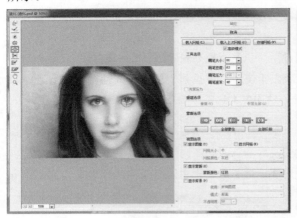

图11-27

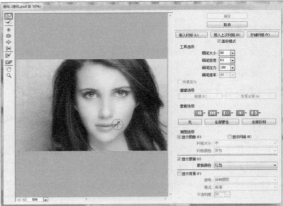

图11-28

06 由于人物的右侧眉毛明显高于左侧，因此使用【向前变形工具】🖐将右侧眉毛向下轻微拖曳，如图11-29所示，最终效果如图11-30所示。

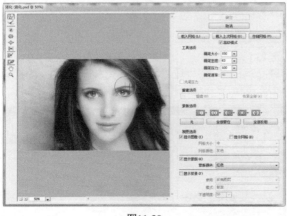

图11-29

图11-30

【案例总结】

　　【液化】滤镜可以调整甚至美化人物的面部，在近距离拍摄人像时，经常会出现人物面部扭曲，或者表情僵硬的现象，出现这种情况时，可以使用【液化】滤镜来进行调整，达到图像的最佳效果。

课后习题：
为动物添加表情

（扫码观看视频）

最终效果图

这是一个给动物添加表情的练习，制作思路如图11-31和图11-32所示。

打开素材图片，然后打开【液化】滤镜，然后在其对话框中选择【膨胀工具】，接着调整【画笔大小】然后放大猫的眼睛，再使用较小的画笔放大猫眼睛里的瞳孔，最后使用更大的画笔使猫的嘴巴微张。

图11-31

图11-32

案例 90
查找边缘滤镜：打造
彩色轮廓图像

素材位置	素材文件 >CH11>07.jpg
实例位置	实例文件 >CH11> 打造彩色轮廓图像 .psd
视频名称	打造彩色轮廓图像 .mp4
技术掌握	掌握查找边缘滤镜的使用方法

（扫码观看视频）

【操作分析】

【查找边缘】滤镜是【风格化】滤镜组中的其中一种滤镜，它可以自动查找图像像素对比度变换强烈的边界，将高反差区变亮，将低反差区变暗，而其他则介于两者之间；同时，硬边会变成线条，柔边会变粗，从而形成一个清晰的轮廓。

11
滤镜

293

最终效果图

【重点工具】

本例介绍的重点工具是【查找边缘】滤镜，选中目标图层，执行【滤镜】>【风格化】>【查找边缘】菜单命令，可以将图片轮廓化。

【操作步骤】

01 打开"下载资源"中的"素材文件>CH11>素材07.jpg"文件，如图11-33所示。

02 按组合键Ctrl+J复制【背景】图层得到【图层1】，然后在【图层1】上执行【滤镜】>【风格化】>【查找边缘】菜单命令，效果如图11-34所示。

03 按组合键Ctrl+J复制【图层1】得到【图层1副本】，然后设置该层的【混合模式】为【正片叠底】，效果如图11-35所示。

图11-33   图11-34   图11-35

04 按组合键Ctrl+J复制【背景】得到【背景副本】，并将其放置在最上层，然后为该层添加一个图层蒙版，接着使用较低流量的黑色柔边圆【画笔工具】🖊在图像四周进行涂抹，最后使用更低流量的黑色柔边圆【画笔工具】🖊涂抹图像中间部分，效果如图11-36所示。

05 在最上层新建一个【渐变】图层，然后选择【渐变工具】▣打开【渐变编辑器】对话框，并选择预设中的【蓝，红，黄渐变】，如图11-37所示；接着在选项栏中单击【线性渐变】按钮▣，最后从右上角向左下角拉出渐变，效果如图11-38所示。

图11-36   图11-37   图11-38

06 在【图层】面板中设置【渐变】图层的【混合模式】为【滤色】、【不透明度】为45%，效果如图11-39所示。

图11-39

07 在最上层新建一个【白边】图层，设置前景色为白色，在【渐变工具】■的选项栏中选择【前景色到透明渐变】，然后单击【径向渐变】按钮■，并勾选【反向】选项，如图11-40所示；接着使用【渐变工具】■从图像中心向边缘拖曳出渐变，最后设置【白边】图层的【不透明度】为77%，最终效果如图11-41所示。

图11-40   图11-41

【案例总结】

　　【查找边缘】滤镜用于查找图像中有明显区别的颜色边缘并加以强调，用相对于白色背景的黑色线条勾勒图像的边缘。本案例主要是使用【查找边缘】滤镜和为图像填充渐变颜色来制作轮廓图像。

课后习题：打造彩铅画效果	实例位置	实例文件 >CH11> 打造彩铅画效果 .psd
	素材位置	素材文件 >CH11>08.jpg
	视频名称	打造彩铅画效果 .mp4

（扫码观看视频）

最终效果图

11

滤镜

295

这是一个制作彩色铅笔画的练习，制作思路如图11-42和图11-43所示。

第1步：打开素材图片，然后执行【滤镜】>【风格化】>【查找边缘】菜单命令，接着按组合键Shift+Ctrl+U为图像去色，再切换到【通道】面板，最后按住Ctrl键单击RGB通道的缩略图加载选区。

第2步：回到【图层】面板中新建一个【填充】图层，然后执行【编辑】>【填充】菜单命令，接着在其对话框中设置填充【内容】为【历史记录】，最后设置图层的【混合模式】为【颜色】。

图11-42

图11-43

案例 91
动感模糊滤镜：打造高速运动特效

素材位置	素材文件 >CH11>09.jpg
实例位置	实例文件 >CH11> 打造高速运动特效 .psd
视频名称	打造高速运动特效 .mp4
技术掌握	掌握动感模糊滤镜的使用方法

（扫码观看视频）

【操作分析】

【动感模糊】滤镜是【模糊】滤镜组中的一种，且很重要。它可以指定的方向（-360°~360°）以指定的距离（1~999）进行模糊，所产生的效果类似于在固定的曝光时间拍摄一个高速运动的对象。

最终效果图

【重点工具】

本例介绍的重点工具是【动感模糊滤镜】，执行【滤镜】>【模糊】>【动感模糊】菜单命令，可以打开其参数对话框，如图11-44所示。

【动感模糊】对话框选项介绍

◆ **角度：**用来设置模糊的方向。
◆ **距离：**用来设置像素模糊的程度。

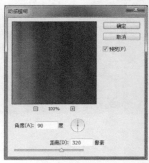

图11-44

【操作步骤】

01 打开"下载资源"中的"素材文件>CH11>素材09.jpg"文件，如图11-45所示。

02 按组合键Ctrl+J复制【背景】图层得到【图层1】，然后执行【滤镜】>【模糊】>【动感模糊】菜单命令，接着在打开的【动感模糊】对话框中设置【角度】为-15度、【距离】为690像素，设置如图11-46所示，效果如图11-47所示。

图11-45

图11-46

图11-47

TIPS

注意，由于只需要将背景产生运动模糊效果，而现在连前景汽车都被模糊了，因此下面还需要进行相应的调整。

03 在【历史记录】面板中标记最后一项【动感模糊】操作，并返回到前一步操作状态，如图11-48所示；然后使用【历史记录画笔工具】 在背景上涂抹，将其还原为动感模糊效果，最终效果如图11-49所示。

图11-48

图11-49

【案例总结】

　　【动感模糊】滤镜产生的模糊效果具有十分强烈的动感，本例主要是使用【动感模糊】滤镜的动感特效来将静止的物体打造出高速运动的特效，汽车的动感模糊要注意汽车尾部和车轮的模糊。

课后习题：		
快速运动的滑冰舞者	实例位置	**实例文件 >CH11> 快速运动的滑冰舞者 .psd**
	素材位置	**素材文件 >CH11>10.jpg**
	视频名称	**快速运动的滑冰舞者 .mp4**

（扫码观看视频）

最终效果图

这是一个制作动感模糊效果的练习，制作思路如图11-50所示。

打开素材图片，然后选中图片中的背景，接着执行【选择】>【平滑】菜单命令和【选择】>【羽化】菜单命令，再执行【滤镜】>【模糊】>【动感模糊】菜单命令，最后在其对话框中设置【角度】和【距离】。

图11-50

案例 92
高斯模糊滤镜：美化人物皮肤

素材位置	素材文件 >CH11>11.jpg
实例位置	实例文件 >CH11> 美化人物皮肤 .psd
视频名称	美化人物皮肤 .mp4
技术掌握	掌握高斯模糊滤镜的使用方法

（扫码观看视频）

最终效果图

【操作分析】

　　【高斯模糊】滤镜是最重要、最常用的模糊滤镜，可以向图像中添加低频细节，使图像产生一种朦胧的模糊效果。

【重点工具】

　　本例介绍的重点工具是【高斯模糊】滤镜，执行【滤镜】>【模糊】>【高斯模糊】菜单命令，可以打开其参数对话框，如图11-51所示。【半径】选项用于计算指定像素平均值的区域大小，值越大，产生的模糊效果越好。

图11-51

【操作步骤】

01 打开"下载资源"中的"素材文件>CH11>素材11.jpg"文件，如图11-52所示。

02 按组合键Ctrl+J复制【背景】图层得到【图层1】，然后设置【混合模式】为【滤色】，如图11-53所示。

图11-52　　　　　　　　　　　　　　　　　　图11-53

03 单击【图层】面板底部的【添加图层蒙版】按钮 ▣ ，为【图层1】添加一个蒙版，然后选中蒙版，执行【图像】>【应用图像】菜单命令，接着在打开的【应用图像】对话框中设置【混合】为【正常】，设置如图11-54所示，图层如图11-55所示，效果如图11-56所示。

图11-54　　　　　　　　　　图11-55　　　　　　　　　　图11-56

04 选中【图层1】执行【滤镜】>【模糊】>【高斯模糊】菜单命令，然后在打开的【高斯模糊】对话框中设置【半径】为5像素，设置如图11-57所示，效果如图11-58所示。

图11-57　　　　　　　　　　　　　　　　　　图11-58

05 继续选中【图层1】，然后按组合键Ctrl+G为【图层1】添加一个组，如图11-59所示；接着为组添加一个图层蒙版，图层如图11-60所示。

图11-59　　　　　　　　　图11-60

06 选中新添加的蒙版，然后执行【图像】>【应用图像】菜单命令，接着在打开的【应用图像】对话框中设置【混合】为【正常】，设置如图11-61所示，效果如图11-62所示。

图11-61　　　　　　　　　　　　　　　　图11-62

07 选中【背景】图层，然后执行【滤镜】>【锐化】>【USM锐化】，然后在打开的【USM锐化】对话框中设置【数量】为150%、【半径】为2像素、【阈值】为4色阶，设置如图11-63所示，最终效果如图11-64所示。

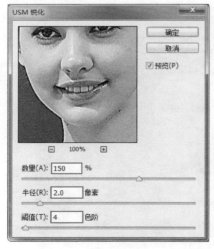

图11-63　　　　　　　　　　　　　图11-64

【案例总结】

【高斯模糊】滤镜通过控制模糊半径的数值，产生轻微的柔化图像边缘或雾化效果。本例主要是讲解如何使用【高斯模糊】滤镜和【USM锐化】滤镜来美化皮肤。

课后习题：模糊人物背景	实例位置	实例文件 >CH11> 模糊人物背景 .psd
	素材位置	素材文件 >CH11>12.jpg
	视频名称	模糊人物背景 .mp4

（扫码观看视频）

最终效果图

这是一个制作高斯模糊效果的练习，制作思路如图11-65所示。

第1步：打开素材图片，然后选中图像中的人物，接着羽化选区，最后按组合键Shift+Ctrl+I反向。

第2步：执行【滤镜】>【模糊】>【高斯模糊】菜单命令，然后在其对话框中设置【半径】。

图11-65

案例 93
USM锐化滤镜：提升照片清晰度

素材位置	素材文件 >CH11>13.jpg
实例位置	实例文件 >CH11> 提升照片清晰度 .psd
视频名称	提升照片清晰度 .mp4
技术掌握	掌握 USM 锐化滤镜的使用方法

（扫码观看视频）

最终效果图

【操作分析】

　　【锐化】滤镜是通过增加相邻像素的对比度来使模糊的变图像清晰，【USM锐化】滤镜可以用于查找图像中颜色发生显著变化的区域，然后将其锐化。

【重点工具】

　　本例介绍的重点工具是【USM锐化】滤镜，执行【滤镜】>【锐化】>【USM锐化】菜单命令，可以打开【USM锐化】对话框，如图11-66所示。

　　　　【USM锐化】对话框选项介绍

◆　数量：用来设置锐化效果的精细程度。

◆　半径：用来设置图像锐化的半径范围大小。

◆　阈值：相邻像素之间的差值达到所设置的数值时才会被锐化，该值被称为阈值。阈值越大，被锐化的像素就越少。

图11-66

【操作步骤】

01 打开"下载资源"中的"素材文件>CH11>素材13.jpg"文件，如图11-67所示。

02 按组合键Ctrl+J复制【背景】图层得到【图层1】，然后设置【图层1】的【混合模式】为【变亮】，效果如图11-68所示。

图11-67　　　　　　　　　　　图11-68

03 选中【图层1】执行【滤镜】>【锐化】>【USM锐化】菜单命令，然后在打开的【USM锐化】对话框中设置【数量】为200%、【半径】为2像素、【阈值】为0色阶，设置如图11-69所示，效果如图11-70所示。

04 执行【图像】>【模式】>【Lab颜色】菜单命令，然后在打开的对话框中单击【拼合】按钮 <u>拼合(F)</u>，如图11-71所示。

图11-69　　　　　　　　　　　图11-70　　　　　　　　　　　　图11-71

05 按组合键Ctrl+J将拼合后的图层复制一份得到【图层1】，然后选中【通道】面板中的【明度】通道，如图11-72所示；接着执行【滤镜】>【锐化】>【USM锐化】菜单命令，最后在打开的【USM锐化】对话框中设置【数量】为150%、【半径】为1.2像素、【阈值】为4色阶，设置如图11-73所示，效果如图11-74所示。

图11-72　　　　　　　　　　　图11-73　　　　　　　　　　　图11-74

06 返回【图层】面板，设置【图层1】的【混合模式】为【柔光】、【不透明度】为31%，最终效果如图11-75所示。

【案例总结】

　　本案例主要是在Lab颜色模式下对图像执行【滤镜】>【锐化】>【USM锐化】菜单命令，并通过更改图层的【混合模式】来使模糊的照片变清晰，这个功能在日常生活中是非常实用的。

图11-75

11

滤镜

（扫码观看视频）

实例位置	实例文件 >CH11> 改善照片画质 .psd
素材位置	素材文件 >CH11>14.jpg
视频名称	改善照片画质 .mp4

课后习题：
改善照片画质

最终效果图

这是一个将模糊照片变清晰的练习，制作思路如图11-76所示。

第1步：打开素材图片，然后复制【背景】图层得到【图层1】，接着在【图层1】上执行【滤镜】>【锐化】>【USM锐化】菜单命令，然后在其对话框中设置相应参数。

第2步：执行【编辑】>【渐隐USM锐化】菜单命令，并设置【模式】为【明度】，然后再次执行【滤镜】>【锐化】>【USM锐化】菜单命令，接着在其对话框中设置相应参数。

图11-76

案例 94
马赛克滤镜：模糊人物脸部

素材位置	素材文件 >CH11>15.jpg	
实例位置	实例文件 >CH11> 模糊人物脸部 .psd	
视频名称	模糊人物脸部 .mp4	
技术掌握	掌握马赛克滤镜的使用方法	

（扫码观看视频）

最终效果图

【操作分析】

　　【马赛克】滤镜可以使像素结为方形色块，创建出类似于马赛克的效果。

【重点工具】

　　本例介绍的重点工具是【马赛克】滤镜，执行【滤镜】>【像素化】>【马赛克】菜单命令，可以打开其参数对话框，如图11-77所示。【单元格大小】用来设置每个多边形色块的大小。

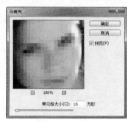

图11-77

【操作步骤】

01 打开"下载资源"中的"素材文件>CH11>素材15.jpg"文件，如图11-78所示。

02 按组合键Ctrl+J将【背景】图层复制一层，然后使用【套索工具】框选人物脸部，如图11-79所示。

图11-78

图11-79

305

11
滤镜

03 执行【滤镜】>【像素化】>【马赛克】菜单命令，然后在打开的【马赛克】对话框中设置【单元格大小】为10方形，如图11-80所示。

04 按组合键Ctrl+D取消选区，最终效果如图11-81所示。

图11-80　　　　　　　　　　　　　　　　　图11-81

【案例总结】

　　【马赛克】滤镜的最佳作用就是可以让图片呈现出格子般的像素化，从而遮挡图片使观看的人无法看清图片的本来面目，案例中主要针对【马赛克】滤镜的功能作用进行遮挡人物外貌的练习。

课后习题：制作马赛克夜景图	实例位置	实例文件 >CH11> 制作马赛克夜景图 .psd	
	素材位置	素材文件 >CH11>16.jpg	
	视频名称	制作马赛克夜景图 .mp4	（扫码观看视频）

最终效果图

　　这是一个制作马赛克背景图片的练习，制作思路如图11-82和图11-83所示。

　　第1步：打开素材图片，然后将【背景】图层复制两份得到【图层1】和【图层1副本】，接着选中【图层1副本】，按组合键Ctrl+T进入自由变换状态，并在其选项栏设置【水平斜切】角度为45度，按Enter键完成变换操作后。

　　第2步：执行【滤镜】>【像素化】>【马赛克】菜单命令，然后在其对话框中设置单元格大小，接着再次按组合键Ctrl+T进入自由变换状态，在其选项栏设置【水平斜切】角度为－45度，最后设置该图层的【不透明度】为50%。

　　第3步：选中【图层1】，按组合键Ctrl+T进入自由变换状态，然后在其选项栏设置【水平斜切】角度为－45度，按Enter键完成变换操作后，执行【滤镜】>【像素化】>【马赛克】菜单命令，接着在其对话框中设置单元格大小，最后再次按组合键Ctrl+T进入自由变换状态，在其选项栏设置【水平斜切】角度为45度。

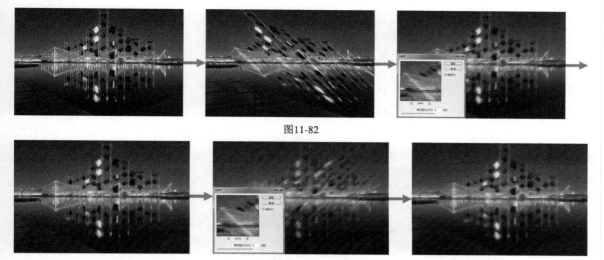

图11-82

图11-83

案例 95
添加杂色滤镜：制作繁星

素材位置	素材文件 >CH11>17.jpg
实例位置	实例文件 >CH11> 制作繁星 .psd
视频名称	制作繁星 .mp4
技术掌握	掌握添加杂色滤镜的使用方法

（扫码观看视频）

最终效果图

【操作分析】

　　【添加杂色】滤镜可以在图像中添加随机像素，模拟在高速胶片上拍照的效果，也可用于减少羽化选区或渐进填充中的带宽，还可以用来修缮图像中经过重大编辑的区域。

【重点工具】

　　本例介绍的重点工具是【添加杂色】滤镜，执行【滤镜】>【杂色】>【添加杂色】菜单命令，可以打开其参数对话框，如图11-84所示。

　　【添加杂色】对话框选项介绍

◆　**数量：** 用来设置添加到图像中的杂点的数量。

图11-84

307

◆ **分布**：选择【平均分布】选项，可以随机向图像中添加杂点，杂点效果比较柔和；选择【高斯分布】选项，可以沿一条钟形曲线分布杂色的颜色值，以获得斑点状的杂点效果。

◆ **单色**：勾选该选项以后，杂点只影响原有像素的亮度，并且像素的颜色不会发生改变。

【操作步骤】

01 打开"下载资源"中的"素材文件>CH11>素材17.jpg"文件，如图11-85所示。

02 新建一个空白图层，然后填充颜色为黑色，再在图层上单击鼠标右键，接着在下拉菜单中选择转换成【智能对象】，图层如图11-86所示。

图11-85   图11-86

03 执行【滤镜】>【杂色】>【添加杂色】菜单命令，打开【添加杂色】对话框，然后设置【数量】为20%，选择【高斯分布】，勾选【单色】选项，参数如图11-87所示，效果如图11-88所示。

04 执行【滤镜】>【模糊】>【高斯模糊】菜单命令，打开【高斯模糊】对话框，然后设置【半径】为2.0像素，参数如图11-89所示，效果如图11-90所示。

图11-87   图11-88   图11-89   图11-90

05 单击【调整】面板中的【色阶】按钮，创建一个【色阶】调整图层，然后在打开的【属性】面板中设置【输入色阶】为（34，1，40），接着单击【单击可剪切到蒙版】按钮，将图层设置为智能图层的剪贴蒙版，如图11-91所示，效果如图11-92所示。

06 单击【调整】面板中的【色相/饱和度】按钮，创建一个【色相/饱和度】调整图层，然后在打开的【属性】面板中勾选【着色】选项，接着设置【色相】为222、【饱和度】为55，接着单击【单击可剪切到蒙版】按钮，将图层设置为智能图层的剪贴蒙版，如图11-93所示，效果如图11-94所示。

图11-91   图11-92   图11-93   图11-94

07 隐藏智能对象图层，然后使用【矩形选框工具】在背景图层中框选出夜空选区，如图11-95所示；接着显示智能对象图层，如图11-96所示。

图11-95   图11-96

08 选中智能对象图层，然后单击【图层】面板下面的【添加图层蒙版】按钮，如图11-97所示；接着设置该图层蒙版的【混合模式】为【变亮】，最终效果如图11-98所示。

图11-97   图11-98

【案例总结】

    本例主要是通过将图层转换为智能滤镜图层，然后使用【添加杂色】滤镜和【高斯模糊】滤镜来制作初步的斑点，接着通过调整图像的【色阶】和【色相/饱和度】来将部分斑点变亮或和变暗，再添加图层蒙版显示出城市夜景，最后更改图层的【混合模式】制作出城市夜空中的星星图。

课后习题： 制作下雨特效	实例位置	实例文件 >CH11> 制作下雨特效 .psd
	素材位置	素材文件 >CH11>18.jpg
	视频名称	制作下雨特效 .mp4

（扫码观看视频）

最终效果图

这是一个制作下雨效果的练习，制作思路如图11-99和图11-100所示。

第1步：打开素材图片，然后新建一个【雨】图层并填充黑色，接着在【雨】图层上执行【滤镜】>【杂色】>【添加杂色】菜单命令，并在其对话框中设置相应参数，再执行【滤镜】>【模糊】>【高斯模糊】菜单命令，在其对话框中设置相应参数，最后执行【滤镜】>【模糊】>【动感模糊】菜单命令，在其对话框中设置相应参数。

第2步：新建一个【色阶】调整图层，然后选择剪切蒙版，只应用【色阶】调整到【雨】图层，接着在【雨】图层上执行【滤镜】>【扭曲】>【波纹】菜单命令，并在其对话框中设置合适参数，再执行【滤镜】>【模糊】>【高斯模糊】菜单命令，在其对话框中设置相应参数，最后设置【雨】图层的【混合模式】为【滤色】、【不透明度】为35%。

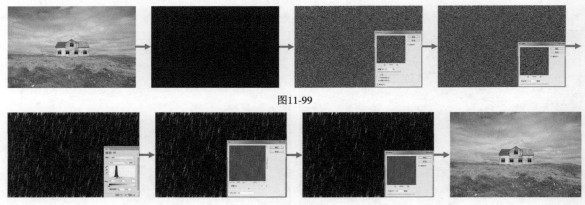

图11-99

图11-100

综合案例

本章作为本书的一个综合章节，回顾并运用前面所学的知识技巧来调整图片、修饰人像、进行特效制作和平面设计，同时灵活运用修图和抠图技巧，可以为设计提供很好的素材。在制作商业案例的时候，要善于发现，善于观察，找准定位点。

本章学习要点

- 掌握火把特效的制作方法
- 掌握撕裂照片的特效制作方法
- 掌握杂志封面的制作方法
- 巧用图层蒙版设计海报
- 巧用调色命令调整图片
- 巧用图案叠加和图层的混合模式

案例 96
燃烧的火把特效制作

素材位置	素材文件 >CH12>01.png、02.jpg、03.png、04.jpg
实例位置	实例文件 >CH12> 燃烧的火把特效制作 .psd
视频名称	燃烧的火把特效制作 .mp4
技术掌握	掌握裂纹、灰烬制作方法

（扫码观看视频）

【操作分析】

　　燃烧的火把可以分解为火把、火焰、灰烬和烟雾4个部分。火把可以使用木棍制作，本案例中使用的是一支雪茄烟，火焰和烟雾是素材图片经过细微调整而成，灰烬是使用【画笔工具】✐绘制并添加【图层样式】制作而成。

最终效果图

【操作步骤】

01 按组合键Ctrl+N新建一个文档，具体参数如图12-1所示；然后新建一个空白图层，接着设置【前景色】为深灰色、【背景色】为浅灰色，再使用【渐变工具】■在画布中从下往上拖曳鼠标填充渐变，效果如图12-2所示。

02 按组合键Ctrl+O打开下载资源中的"素材文件>CH12>素材01.png"文件，如图12-3所示；然后拖曳到新建的文档中得到【图层2】，效果如图12-4所示。

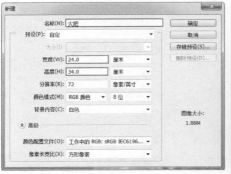
图12-1

图12-2

图12-3

图12-4

03 新建一个【曲线】调整图层，然后按组合键Ctrl+Alt+G创建剪贴蒙版，接着在打开的【属性】面板中使用【在图像中取样以设置黑场】吸管工具✐单击【图层2】中最暗区域，使用【在图像中取样以设置白场】吸管工具✐单击【图层2】中最亮区域，最后设置该图层的【不透明度】为43%，效果如图12-5所示。

04 选中【曲线】调整图层的蒙版，然后使用较低流量的黑色柔边圆【画笔工具】✐在图像中涂抹【图层2】的下半部分，效果如图12-6所示。

图12-5

图12-6

05 新建一个【亮度/对比度】调整图层，然后在打开的【属性】面板中设置【亮度】为－48、【对比度】为100，并创建剪贴蒙版；接着设置图层的【不透明度】为49%，效果如图12-7所示；再新建一个【色相/饱和度】调整图层，在打开的【属性】面板中勾选【着色】选项，设置【色相】为43、【饱和度】为13、【明度】为－32，最后创建剪贴蒙版，效果如图12-8所示。

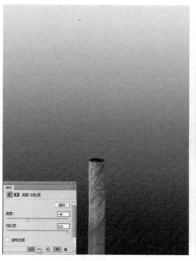

图12-7 　　　　　　　　　　　图12-8

06 选中【色相/饱和度】调整图层的蒙版，然后用黑色填充图层蒙版，并使用白色柔边圆【画笔工具】在图像中涂抹【图层2】的上半部分，效果如图12-9所示；接着新建一个【色彩平衡】调整图层，在打开的【属性】面板中设置【青色-红色】为42、【洋红-绿色】为57和【黄色-蓝色】为85，再将其创建为【图层2】的剪贴蒙版，最后设置该图层的【混合模式】为【叠加】，效果如图12-10所示。

图12-9 　　　　　　　　　　　图12-10

07 按组合键Ctrl+O打开下载资源中的"素材文件>CH12>素材02.jpg"文件，如图12-11所示；然后按组合键Shift+Ctrl+U为图像去色，效果如图12-12所示。

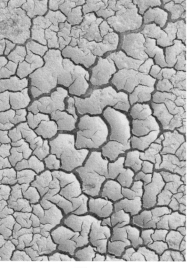

图12-11 　　　　　　　　　　　图12-12

08 新建一个【曲线】调整图层，然后在打开的【属性】面板中使用【在图像中取样以设置黑场】吸管工具 🖋 单击【图层2】中最暗区域，使用【在图像中取样以设置白场】吸管工具 🖋 单击【图层2】中最亮区域，效果如图12-13所示；接着执行【选择】>【色彩范围】菜单命令，在打开的【色彩范围】对话框中设置【选择】为【阴影】，如图12-14所示；单击【确定】按钮 确定 后，图像会自动加载选区，效果如图12-15所示。

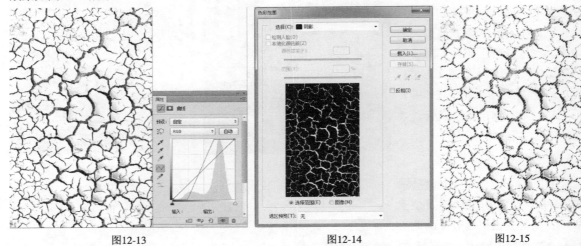

图12-13　　　　　　　　　　　　图12-14　　　　　　　　　　　　图12-15

09 将选区复制粘贴到【火把】文档中并命令为【裂纹】图层，然后设置图层的【混合模式】为【叠加】，效果如图12-16所示；接着为该图层创建剪贴蒙版和图层蒙版，并复制图层得到【裂纹副本】图层，再设置该层的图层【混合模式】为正常，最后隐藏复制图层，如图12-17所示。

图12-16　　　　　　　　　　　　图12-17

10 双击【裂纹】图层打开【图层该样式】对话框，然后设置【内发光】的【混合模式】为【正常】、【不透明度】为30%、【颜色】为（C：7，M：11，Y：87，K：0）、【大小】为1像素，【颜色叠加】的【混合模式】为【正常】、【不透明度】为100%，【外发光】的【混合模式】为【线性减淡（添加）】、【不透明度】为100%、【颜色】为（C：46，M：781，Y：92，K：12）、【大小】为3像素，设置如图12-18所示，效果如图12-19所示。

11 选中并使用黑色填充【裂纹】图层的图层蒙版，然后使用白色柔边圆【画笔工具】☑在图像中涂抹【图层2】的上半部分区域，再使用低流量的黑色小柔边圆【画笔工具】☑在图像中涂抹【图层2】上的部分裂纹，效果如图12-20所示。

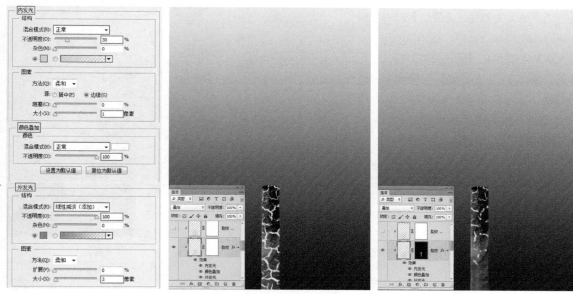

|图12-18|图12-19|图12-20|

12 按住Ctrl键单击【图层2】的缩略图加载其选区，然后选中【裂纹副本】图层的图层蒙版，并按组合键Shift+Ctrl+I反向，接着填充黑色，再使用低流量的黑色小柔边圆【画笔工具】☑在图像中涂抹【图层2】上的部分裂纹，效果如图12-21所示。

13 打开下载资源中的"素材文件>CH12>素材03.png"文件，然后拖曳到当前的操作界面中并命令为【烟雾】，接着设置图层的【混合模式】为【叠加】，效果如图12-22所示，再新建一个【灰烬】图层，最后使用大小不一的黑色柔边圆【画笔工具】☑在图像中绘制小黑点，效果如图12-23所示。

|图12-21|图12-22|图12-23|

14 双击【灰烬】图层打开【图层样式】对话框，然后设置【内发光】的【混合模式】为【正常】、【不透明度】为75%、【颜色】为（C：7，M：11，Y：87，K：0）、【大小】为1像素，【颜色叠加】的【混合模式】为【正常】、颜色为白色、【不透明度】为100%；设置【外发光】的【混合模式】为【线性减淡（添加）】、【不透明度】为100%、【颜色】为（C：0，M：80，Y：93，K：0）、【大小】为10像素，设置如图12-24所示，效果如图12-25所示。

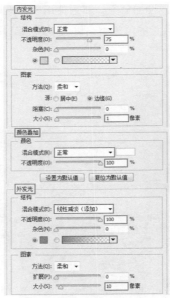

图12-24　　　　　　图12-25

15 复制【灰烬】图层得到【灰烬副本】图层，然后将其调小拖曳到图像中合适位置，效果如图12-26所示；接着打开下载资源中的"素材文件>CH12>素材04.jpg"文件，再将其拖曳到当前的操作界面中并命令为【火焰】图层，最后设置图层的【混合模式】为【滤色】，效果如图12-27所示。

图12-26　　　　　　图12-27

16 为【火焰】图层添加【图层蒙版】并选中，然后使用黑色柔边圆【画笔工具】在图像中涂抹火焰边缘，修饰其形状，效果如图12-28所示；接着为【图层2】添加【图层蒙版】并选中，再使用低流量的黑色柔边圆【画笔工具】，在图像中涂抹【图层2】隐藏在火焰中的部分，使其与自然火焰融合，最终效果如图12-29所示。

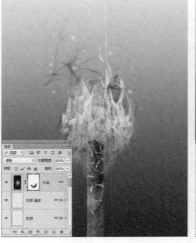

图12-28　　　　　　图12-29

Photoshop可以制作各种各样的特效，例如风、雨、雪、雷、电、火等特效，但是这类特效包含的技术点较多，其中质感合成、灰烬制作和纹理打造是难点。本案例主要讲解了如何利用火焰、发光和裂纹等效果打造一根燃烧的火把。本案例做出来的效果十分逼真，制作这个特效不仅需要相关的素材图片，而且需要分析出燃烧效果，包括纹理、粒子效果、烧焦和余烬等是如何制作的，当然制作方法不是仅此一种，所以操作时可以灵活处理。

案例 97
照片撕裂特效制作

素材位置	素材文件 >CH12>05.jpg
实例位置	实例文件 >CH12> 照片撕裂特效制作 .psd
视频名称	照片撕裂特效制作 .mp4
技术掌握	掌握撕裂效果制作方法

（扫码观看视频）

最终效果图

【操作分析】

对照片撕裂特效进行分析，撕裂的照片由漂浮的照片、撕裂边和投影组成，首先制作漂浮在空中的撕裂照片需要对原照片进行变形处理，使照片的4个直角得到不同程度的变形，其次撕裂边不会是一条整齐的直线，而应该是呈锯齿状的波浪线，所以可以使用【套索工具】 ☑ 进行绘制，至于阴影，可以绘制选区填充渐变并降低【不透明度】。

【操作步骤】

01 按组合键Ctrl+N新建一个文档，具体参数如图12-30所示；然后新建一个空白图层，接着设置【前景色】为（C：43，M：34，Y：32，K：0）、【背景色】为（C：5，M：4，Y：4，K：0）；再使用【渐变工具】 ■ 在画布中的下半部分从上往下拖曳鼠标填充渐变，效果如图12-31所示。

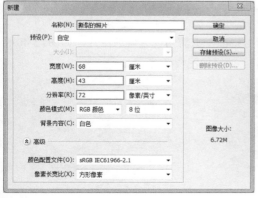

图12-30

图12-31

02 按组合键Ctrl+O打开下载资源中的"素材文件>CH12>素材05.jpg"文件，然后将其拖曳到当前文档的操作界面中得到【图层1】，如图12-32所示；接着按组合键Ctrl+T进入自由变换状态，再在边界框内单击鼠标右键，最后在打开的下拉菜单中选择【变形】命令，如图12-33所示。

图12-32

图12-33

03 用鼠标调整图片的四个角，使图片看起来呈漂浮状态，如图12-34所示；然后使用【套索工具】在图片上绘制锯齿，如图12-35所示。

图12-34

图12-35

04 按Q键进入快速蒙版状态，如图12-36所示；然后执行【滤镜】>【像素化】>【晶格化】菜单命令，接着在打开的【晶格化】对话框中设置【单元格大小】为4，如图12-37所示；再按组合键Ctrl+F重复【晶格化】命令，效果如图12-38所示。

图12-36

图12-37

图12-38

05 按Q键退出快速蒙版状态，如图12-39所示；然后按组合键Ctrl+X剪切选区内的图片，如图12-40所示；接着按组合键Ctrl+Shift+V原位粘贴图片得到【图层2】，效果如图12-41所示。

图12-39

图12-40

图12-41

06 调整左右两侧图片的位置，效果如图12-42所示；然后新建一个【左描边】图层，并按住Ctrl键单击【图层2】的缩略图加载其选区；接着填充颜色为（C: 15, M: 11, Y: 11, K: 0），效果如图12-43所示。

图12-42

图12-43

07 复制【左描边】图层得到【左描边副本】图层，然后选中副本图层并加载选区，接着使用左箭头键向左平移1像素，再选中【左描边】图层，最后按Delete键删除选区，隐藏【图层2】和【左描边副本】图层，可以在画布中看见一条灰色的锯齿边，效果如图12-44所示。

08 新建一个【左投影】图层，并按住Ctrl键单击【图层2】的缩略图加载其选区，然后填充颜色为黑色，效果如图12-45所示，接着复制【左投影】图层得到【左投影副本】图层。

图12-44

图12-45

09 选中副本图层并加载其选区，然后使用左箭头键向左平移1像素；接着选中【左投影】图层并按Delete键删除选区；再执行【滤镜】>【模糊】>【高斯模糊】菜单命令，在打开的【高斯模糊】对话框中设置【半径】为4像素，如图12-46所示；最后隐藏【图层2】和【左投影副本】图层，可以在画布中看见一条深灰色的投影，效果如图12-47所示。

图12-46

图12-47

10 使用上述相同的方法为【图层1】制作描边和投影效果，然后调整图片的整体大小和位置，接着使用【椭圆选框工具】◎在图片下面绘制椭圆选区，如图12-48所示；再执行【选择】>【修改】>【羽化】菜单命令，最后在打开的【羽化选区】对话框中设置【羽化半径】为10像素，如图12-49所示。

11 在【背景】图层上新建一个【投影】图层，然后设置【前景色】为深灰色、【背景色】浅灰色，再使用【渐变工具】■在选区内从右到左拖曳鼠标填充渐变，如图12-50所示。

图12-48

图12-49

图12-50

12 设置图层的【不透明度】为39%，然后执行【滤镜】>【模糊】>【高斯模糊】菜单命令；接着在打开的【高斯模糊】对话框中设置【半径】为30像素，如图12-51所示，效果如图12-52所示；最后调整图片的大小和位置，最终效果如图12-53所示。

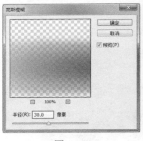
图12-51

图12-52

图12-53

【案例总结】

　　总的来说，本案例的制作是比较简单的，需要注意的是细节。渐变的背景是打造的一种类似墙面和地面的立体效果，需要灰白对比强烈但又要过渡自然，所以拖曳渐变的位置和距离非常重要；照片的变形，要掌握好调整的尺度；撕裂边的锯齿，绘制时需要注意大小弧度，并且撕裂边要有阴影和高光，这样才能使其立体效果更逼真；整体照片的投影需要根据左右部分照片离地面的距离来确定阴影颜色的浓度。

案例 98
杂志封面设计

素材位置	素材文件 >CH12>06.jpg
实例位置	实例文件 >CH12> 杂志封面设计 .psd
视频名称	杂志封面设计 .mp4
技术掌握	掌握通道抠图技巧、渐变工具和图层样式的运用

（扫码观看视频）

【操作分析】

　　杂志封面的重点在于杂志封面版面的设计。设计杂志封面不仅要图文相关，更要突出主要的文字信息，让读者能够一眼就发现杂志所要传播的东西是什么，所以文字的颜色、形状和大小都是需要格外注意的。

【操作步骤】

01 按组合键Ctrl+O打开下载资源中的"素材文件>CH12>素材06.jpg"文件，如图12-54所示。

最终效果图

02 切换到【通道】面板，然后将【蓝】通道复制一份得到【蓝副本】通道，如图12-55所示。

图12-54   图12-55

03 选中【蓝副本】通道，按组合键Ctrl+M打开【曲线】对话框，然后使用【在图像中取样以设置黑场】吸管工具 ✐ 单击图像中最暗区域，使用【在图像中取样以设置白场】吸管工具 ✐ 单击图像中最亮区域，设置如图12-56所示，效果如图12-57所示。

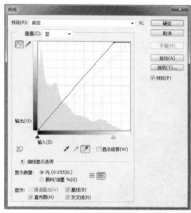

图12-56   图12-57

04 使用黑色柔边圆【画笔工具】 ✎ 将人物涂黑，如图12-58所示；然后按组合键Ctrl+L打开【色阶】对话框，接着在对话框中拖动【输入色阶】下的小三角滑块，使人物颜色与背景颜色对比鲜明，设置如图12-59所示，效果如图12-60所示。

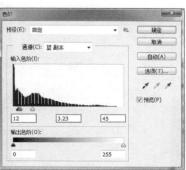

图12-58   图12-59   图12-60

05 使用黑色柔边圆【画笔工具】✐将人物涂黑，使用白色柔边圆【画笔工具】✐将背景涂白，效果如图12-61所示；然后按住Ctrl键单击【蓝副本】通道缩略图加载选区，再按组合键Shift+Ctrl+I反向，效果如图12-62所示。

06 按组合键Shift+F6打开【羽化选区】对话框，然后设置【羽化半径】为3像素，设置如图12-63所示；接着切换到【图层】面板并选中【背景】图层，效果如图12-64所示。

图12-61

图12-62

图12-63

图12-64

07 按组合键Ctrl+J复制选区，并隐藏【背景】图层，如图12-65所示；然后使用【减淡工具】🔍涂抹人物的头饰部分，使其颜色变亮，接着将人像平移到画布中间，效果如图12-66所示。

08 执行【图像】>【画布大小】菜单命令，然后在打开的【画布大小】对话框中更改【宽度】为28厘米，如图12-67所示；然后将人像移回画布左边缘，效果如图12-68所示。

图12-65

图12-66

图12-67

图12-68

09 在【背景】图层上新建一个【渐变】图层，然后设置【前景色】为浅灰色、【背景色】为深灰色，接着选择【渐变工具】▦，并在其选项栏设置【渐变方式】为【径向渐变】，再在画布中从右上向左下角拖曳鼠标填充渐变，效果如图12-69所示。

10 选择【横排文字工具】Ｔ，然后按组合键Ctrl+T打开【字符】面板，接着在面板中设置文字参数，具体设置参数如图12-70所示；最后在图像顶部输入文字，效果如图12-71所示。

图12-69

图12-70

图12-71

11 设置前景色为（C：44，M：95，Y：87，K：11），然后在【字符】面板中设置文字参数，具体设置如图12-72所示；接着在图像右下侧输入文字，再双击该文字图层；最后在打开的【图层样式】对话框中设置【投影】的【混合模式】为【正常】、颜色为白色、【不透明度】为89%、【角度】为150度、【距离】和【大小】都为3像素，设置如图12-73所示，效果如图12-74所示。

12 使用相同方法输入文字，创建多个文字图层，最终效果如图12-75所示。

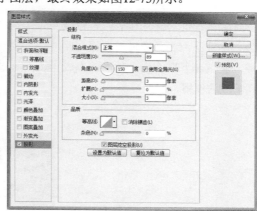

图12-72　　　　　　　　　　　　图12-73

图12-74

图12-75

12　综合案例

【案例总结】

　　本案例主要运用了【曲线】和【色阶】调整命令、通道抠图功能与【横排文字工具】 T.。本例的重点在于通道抠图、【字符】面板中的文字参数设置和版面排版，文字的形状和样式对杂志的封面有装饰效果，合理的排版不仅使封面整洁美观，而且更加引人注目。

案例 99
商品海报

素材位置	素材文件 >CH12>07.jpg~09.jpg
实例位置	实例文件 >CH12> 商品海报 .psd
视频名称	商品海报 .mp4
技术掌握	掌握图层蒙版、图层混合模式的运用

（扫码观看视频）

【操作分析】

　　商品海报是由商品、背景素材、其他内容和装饰素材组成。本案例的商品海报是通过对素材文件进行一系列的调整，使其相互融合为一体而制作成功的，重点是图层蒙版的使用。

最终效果图

【操作步骤】

01 按组合键Ctrl+O打开下载资源中的"素材文件>CH12>素材07.jpg"文件，如图12-76所示。

02 按组合键Ctrl+O打开下载资源中的"素材文件>CH12>素材08.jpg"文件，然后将其拖入当前文档的操作界面中得到【图层1】，如图12-77所示。

图12-76

图12-77

03 为【图层1】添加图层蒙版并选中，然后按D键恢复默认的前景色和背景色，接着使用【渐变工具】在【图层1】上从左到右拖动鼠标填充渐变，这时可以看见图像右边的一小部分不见了，效果如图12-78所示。

04 保持蒙版的选中状态，然后使用小型低流量的方形【画笔工具】涂抹人物头顶的背景部分，使其呈半透明状态，效果如图12-79所示。

图12-78   图12-79

05 按组合键Ctrl+O打开下载资源中的"素材文件>CH12>素材09.jpg"文件，然后拖入当前文档的操作界面中得到【图层2】，如图12-80所示。接着设置该图层的【混合模式】为【滤色】，隐藏图像的背景，效果如图12-81所示。

图12-80   图12-81

06 为【图层2】添加蒙版并选中，然后使用低流量的柔边圆【画笔工具】✓涂抹【图层2】的边缘部分，使其和底层的图像完全融合，效果如图12-82所示。最后使用【横排文字工具】T在图像中输入文字，最终效果如图12-83所示。

图12-82   图12-83

12

综合案例

　　本案例是一个女装广告海报设计，制作比较简单，本案例主要是通过使用图层蒙版和图层的【混合模式】来使素材图片自然融合为一体，展示出产品给人带来的魅力和不一样的感受，突出产品的特点。

<table>
<tr><td colspan="2">案例 100
人物照片修图</td></tr>
</table>

素材位置	素材文件 >CH12>10.jpg
实例位置	实例文件 >CH12> 人物照片修图 .psd
视频名称	人物照片修图 .mp4
技术掌握	掌握照片的提亮处理方法

（扫码观看视频）

最终效果图

【操作分析】

　　人物照片修图主要是针对图片的亮度、色彩、人物的皮肤妆容和图片中存在的一些瑕疵物进行修改，这些需要使用到图像的调整命令。图像调整有两种方法，一种是直接对图像进行修改，另一种是新建一个调整图层。调整图层不会修改原图像，它是一个新建的图层，其中的调整参数也随时可修改，所以在调整图像时使用调整图层是一个非常好的选择。

【操作步骤】

01 按组合键Ctrl+O打开下载资源中的"素材文件>CH12>素材10.jpg"文件，如图12-84所示，然后将【背景】图层复制一份。

图12-84

02 单击【调整】面板中的【亮度/对比度】按钮▨新建一个【亮度/对比度】调整图层，然后在打开的【属性】面板中设置【亮度】为100、【对比度】为38，设置如图12-85所示，效果如图12-86所示。

图12-85

图12-86

03 新建一个【色阶】调整图层，然后在打开的【属性】面板中移动黑色小三角的位置，如图12-87所示，效果如图12-88所示。

04 新建一个【色彩平衡度】调整图层，然后在打开的【属性】面板中设置【青色-红色】为54、【洋红-绿色】为31、【黄色-蓝色】为-10，设置如图12-89所示，效果如图12-90所示。

图12-87

图12-88

图12-89

图12-90

05 新建一个【色相/饱和度】调整图层，然后在打开的【属性】面板中设置【饱和度】为10，设置如图12-91所示，效果如图12-92所示。

图12-91

图12-92

06 新建一个【曲线】调整图层，然后在打开的【属性】面板中使用【在图像中取样以设置白场】吸管工具 🖊 单击人物腿部裙子较亮的部分，设置如图12-93所示，效果如图12-94所示。

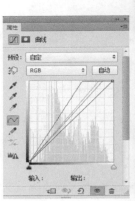

图12-93

图12-94

07 按组合键Shift+Ctrl+Alt+E盖印图层，如图12-95所示。

08 执行【滤镜】>【其他】>【高反差保留】菜单命令，然后在打开的【高反差保留】对话框中设置【半径】为4像素，设置如图12-96所示；接着设置图层的【混合模式】为【柔光】，最终效果如图12-97所示。

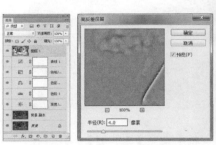

图12-95   图12-96

图12-97

【案例总结】

　　人物风景照片的修饰是摄影环节中一个必不可少的环节，通过对人物的修饰和妆面的调整能够使人物更加精致，加上对风景的调整能够使照片达到近乎完美的效果。 在调整的过程中要注意参数的设置，只有合适的参数组合起来，最终的照片才会让人赏心悦目。

案例 101
制作画布风景图

素材位置	素材文件 >CH12>11.jpg~15.jpg
实例位置	实例文件 >CH12> 制作画布风景图 .psd
视频名称	制作画布风景图 .mp4
技术掌握	掌握图层混合模式、图层样式的运用

（扫码观看视频）

制作画布材质的仿真图画使用的是【图层样式】中的【图案叠加】功能，在画布中添加内容并需要内容与画布融为一体，而图层的【混合模式】中的各种命令加上图层的【不透明度】可以很好地做到这点。

最终效果图

【操作步骤】

01 按组合键Ctrl+O打开下载资源中的"素材文件>CH12>素材11.jpg"文件，如图12-98所示。

02 按组合键Ctrl+O打开下载资源中的"素材文件>CH12>素材12.jpg"文件，然后将其拖曳到当前文档的操作界面中得到【图层1】，如图12-99所示。然后设置图层的【混合模式】为【叠加】，效果如图12-100所示。

03 为【图层1】添加图层蒙版并选中，然后使用低流量的柔边圆【画笔工具】 涂抹图像的边缘部分，使其和底层的图像完全融合，效果如图12-101所示。

图12-98

图12-99

图12-100

图12-101

12

综合案例

04 按组合键Ctrl+O打开下载资源中的"素材文件>CH12>素材13.jpg"文件；然后将其拖曳到当前文档的操作界面中得到【图层2】，如图12-102所示；最后设置图层的【混合模式】为【柔光】，效果如图12-103所示。

图12-102   图12-103

05 为【图层2】添加图层蒙版并选中，然后使用低流量的柔边圆【画笔工具】 ✓ 涂抹图像的边缘部分，使其和底层的图像完全融合，效果如图12-104所示。

图12-104

06 按组合键Ctrl+O打开下载资源中的"素材文件>CH12>素材14.jpg"文件，然后将其拖曳到当前文档的操作界面中得到【图层3】，如图12-105所示。然后设置图层的【混合模式】为【正片叠底】，效果如图12-106所示。

图12-105   图12-106

07 为【图层3】添加图层蒙版并选中，然后使用低流量的柔边圆【画笔工具】▨涂抹图像的边缘部分，使其和底层的图像完全融合，如图12-107所示；接着设置图层的【不透明度】为63%，效果如图12-108所示。

08 按组合键Ctrl+O打开下载资源中的"素材文件>CH12>素材15.jpg"文件，然后将其拖曳到当前文档的操作界面中得到【图层3】，如图12-109所示；接着设置图层的【混合模式】为【叠加】，效果如图12-110所示。

图12-107

图12-108

图12-109

图12-110

09 为【图层4】添加图层蒙版并将其选中，然后使用低流量的柔边圆【画笔工具】▨涂抹图像的边缘部分，使其和底层的图像完全融合，效果如图12-111所示。接着设置图层的【不透明度】为80%，效果如图12-112所示。

图12-111

图12-112

10 按住Alt键并双击【背景】图层将其转换为普通图层【图层0】，然后双击【图层0】打开【图层样式】对话框，接着在对话框中选中【图案叠加】样式；再设置【混合模式】为【叠加】、【不透明度】为100%、【图案】为【深色粗织物（176×178像素，灰度模式）】、【缩放】为35%，设置如图12-113所示，最终效果如图12-114所示。

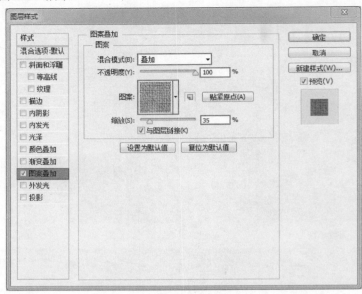

图12- 113

图12-114

【案例总结】

　　本案例主要制作了一幅自然风景与人物融合的具有画布材质的风景图，通过本案例我们可以了解到图层【混合模式】可以使多张图片完美融合成一张图，需要注意的是，设置好图层【混合模式】后可以根据图片的融合程度来更改图层的【不透明度】，画布材质的制作是使用【图层样式】中的【图案叠加】功能完成的。